U0807317

文
景

Horizon

社科新知　文艺新潮

世界作为参考答案

刘擎 严飞 著

上海人民出版社

献给我们的家人

目录

序言：我们不想像罐头一样活着

2023年的8月，我和刘擎老师共同作为哈佛燕京学者，相逢在波士顿的哈佛园。

我们有将近一年的时间，参与到哈佛燕京学社以及哈佛大学组织的各种学术活动之中，这让我们倍加珍惜这来之不易的机会，渴望着智识上的精炼和提升。

与此同时，我们又都觉得有必要为我们这一年所经历的，留下一些记录与反思，于是便萌生了用对话的形式来展现这一旅程的想法。我们每次挑选一个主题，再在哈佛园里找一处安静的角落，两个人坐下来，一个从哲学的角度，一个从社会学的角度来交锋探讨。我们一开始先用视频记录下这些对谈，希望捕捉讨论的即时性与生动性；之后，我们再通过文字的方式将这些对话补充、梳理和体系化，最终凝聚成了这一本小书——《世界作为参考答案》。

这本书不仅是我们这一年来思想探索的见证，也是我们试图突破自身认知局限、与外部世界建立更深层次联系的尝试。通过跨学科的对话形式，我们希望展现出哲学与社会学如何在不同的视角下彼此补充，帮助我们更好地理解这个充满复杂性和多样性的世界。每一次对话，既是对我们个人学术道路的回顾，也是对当下世界的反思与回应。

我们最早设定的书名叫作“明日的世界”，这不仅仅是对茨威格《昨日的世界》的致敬，更是因为在我们的“昨日的世界”里，三年疫情所带来的无奈与伤痛，让我们每个人都试图告别昨日，在今日的世界重新出发，并去展望一个充满希望的明日的世界。

但“明日的世界”只是一个希冀、一个愿望，是我们尚未到达的一个未来。

要达至这个未来，我们光有期盼是不足够的，还需要行动，需要在当下做出改变。

今天，我们常常陷入一种被动的状态，似乎被社会预设了人生的标准答案——人生的每一个阶段都有一个特定的期待：你应该按照“人生就该如此般”地去求学、工作、结婚、生子，所有的步骤都被安排得井然有序，任何的偏离都被视为错误或失败。

有没有看过安迪·沃霍尔那组著名画作《金宝汤罐头》？我们每

个人都是货架上的罐头，高度同质，有个保质期——到了35岁，工作的保质期过了，就找不到工作；到了40岁，婚姻的保质期过了，就找不到爱人。

我们像罐头一样活着，被规训成了顺从的“答题者”，从不怀疑人生这道“题目”的标准答案。我们被告诫不要质疑社会的标准，不要表达“过分”的意见，不要偏离“常规”的生活方式，仿佛所有人都必须按部就班地活在既定的框架内，毫无例外。

可是，人生并没有所谓的标准答案，真正的“答案”其实存在于我们与世界的关系之中。

世界是多元的、复杂的，它充满了意想不到的可能性。我们不能再单一地依赖那些被系统规定的答案，而应将整个世界作为一种开放的“参考答案”。它不仅包含了无数种可能的路径，更为每一个个体提供了选择和重新定义人生的机会。一个充满创造力、活力的世界本身就是启发的源泉，它促使我们打破对“正确人生”的既有想象，去看到内在的成长动力，去发现那些我们从未敢尝试的可能。

但是，要让世界成为真正的“参考答案”，并不仅仅是从观念上接受它，而是需要我们采取行动去与世界建立联系。行动是关键，它使我们超越固有的自我限制，打开通向一个多元、开放、向上生长的世界的大门。

毫无疑问，世界就在我们身边，机会和可能性无处不在。然而，为什么我们时常会看不见这个充满生机的外部世界？甚至有时候，我们明明看见了，也假装自己没有看见，对它避之不及？

感知，或者说我们对世界的感知能力，正是症结所在。我们将自己封闭在惯性的认知框架中，在不断的自我沉迷下，导致我们对世界的认知变得越来越僵化和局限。这种思维桎梏让我们难以看到世界的丰富与多样，甚至阻碍了我们与外部世界建立起真实的联系。

英国艺术评论家约翰·伯格（John Berger）曾说："我们只看见我们注视的东西，注视是一种选择行为。"换句话说，感知世界的过程并非被动接受外界信息，而是通过我们内在的结构性认知框架来筛选与解读。当我们注视某一事物时，我们所"看见"的，往往是符合我们已有理论、经历或期待的东西。我们的注意力被固有的认知结构所引导——这些结构可能源自我们对于阶级、性别、文化背景或自我意识的深刻认知。它们构成了我们理解世界的背景，也成为我们拥抱世界的屏障。

在这种情况下，感知世界的过程变得狭隘且自我中心化。当我们以固有的视角去套用解释外部世界时，实际是在重新塑造外部事物以符合我们内心的期待，因为这让我们感到熟悉，感到安全。我们并非客观地解读世界，而是在通过自己认知的棱镜生造出一些似是而非的"意义"，强加一些解释，从而无形中对世界的复杂性和多样性造成扭曲。

这种扭曲带来的是对外部世界的一种简化和固化。世界的复杂性被压缩进了我们的认知模板中，我们失去了对不同声音、不同生活方式和不同文化的敏感度与包容性。我们看不见的，是那些与我们经验不符的真实存在；而我们“看见”的，则是被认知框架过滤后的世界投影。如此往复，使突破自己的视角，真正理解外部的多样性和动态性，成为一种挑战。

正因如此，穿透固有的视角、重建感知的能力，成为我们重新发现世界并将世界作为参考答案的关键。

在这层意义上，“世界作为参考答案”，它不再是一个愿景，而是一种指向，蕴含着行动的力量和召唤，是对我们如何感知、理解和参与世界的挑战。

我们需要迈出第一步，重新审视自身的认知框架，主动开放自己的感知能力。世界的多样性不仅需要我们去看见，更需要我们有意识地质疑和重构自己的理解方式。只有当我们突破自身的认知限制，把世界作为参考答案，才可以打开通向多元世界的大门，从而真正拥抱那些未被预设的诸种可能性。

严　飞

2024年10月

1

从
瓦尔登湖
开始

“瓦尔登的风景是卑微的，虽然很美，却并不是宏伟的，不常去游玩的人，不住在它岸边的人，未必能被它吸引住。”

在瓦尔登湖畔谈《瓦尔登湖》

刘擎：我和严飞老师相互都知道很久，这次非常巧地成为同一届哈佛燕京学社的访问学者。我们都算是社会科学的学者，但严飞老师有特别好的文学艺术敏感性，也与我志趣相投。这是我们第一次对谈，期待以后可以呈现给大家更多有意思的对话讨论。

严飞：在国内的时候完全没办法想象，要是想约刘老师做一场对话或者做一次线下活动，肯定超级难约。大家都太忙了，日程全部被排满。

刘擎：所以有这样一段访学的时间，对我们都是一种难得的“静修”(retreat）时光。今天我们来到了瓦尔登湖畔，在亨利·戴维·梭罗（Henry David Thoreau）的旧居遗址，谈谈瓦尔登湖以及梭罗的生活。梭罗毕业于哈佛大学。哥哥的去世，给他造成了极大心理创伤，为了疗愈，他在美国波士顿的瓦尔登湖畔，搭建了一间小木屋，过了两年自给自足的、简朴的静修生活，写下这本流传至今的经典作品《瓦尔登湖》。

严飞：当哥哥去世后，非常伤感的梭罗对人生产生了很多质疑，爱默生于是邀请他去瓦尔登湖，散散心、想想人生的意义。选择了瓦尔登湖式的生活，是不是就真的意味着远离了绝对的物质主义？是否真的有一天，我们会抛下这个城市的一切，找到向往的生活，这是梭罗当时的想法，也是今天很多人的迷思。

刘擎：刚才我们走过的，正是根据梭罗曾经居住的那个小屋再造的房子，一比一的复制品。

严飞：对，它是复刻的一个小木屋，大概只有几平方米的空间，屋子里只有一张桌子、一张单人床、一把椅子和一个火盆，非常局促狭小。木屋遗址的旁边竖着一块简约的木牌，上面刻画了一句梭罗的话：

> I went to the woods because I wished to live deliberately, to front only the essential facts of life, and see if I could not learn what it had to teach, and not, when I came to die, discover that I had not lived.
>
> 我到林中居住，因为我希望生活得从容一些，只面对基本的生活事实，看看是否能够学到生活要教给我的东西，而不要等到死之将临时发现自己没有生活过。

原来梭罗当年就是在这里写下了伟大的《瓦尔登湖》。看到这个小木屋，我第一反应就是，他在这边怎么解决蚊虫的问题？

刘擎：你这是现代城市人的问题。我猜他可能会烧一些草木，用烟熏来驱赶蚊虫吧。远离现代文明的梭罗不抽烟、不喝酒，喜欢运动，又接近大自然，生活得那么健康，可惜他英年早逝，死于肺结核，只有44年的生命。可是现代文明在发展，梭罗去世后不久，医学就解决了肺结核的问题。

严飞：我觉得我在这边没有办法长期孤独地生活，可能最多只能待一周。

刘擎：我可以待一个月。

严飞：一个月也行。

刘擎：一个月当然也会带着任务。

严飞：对，安静地去做。

刘擎：我们再往前，沿着湖边走，来到梭罗当时住的房子的原址，现在已经没有房子了，但有一个亭子，那边还有条小道，自然而荒凉。在书里，梭罗写道，“**瓦尔登的风景是卑微的，虽然很美，却并不是宏伟的，不常去游玩的人，不住在它岸边的人，**

未必能被它吸引住”。但我们还是被这里深深吸引住了，今天我们就在这个地方谈谈梭罗的生活，以及他的名著《瓦尔登湖》对后世的影响。

我们时代的《瓦尔登湖》

严飞：印象里，我是在中学阶段第一次读到《瓦尔登湖》，当时是作为我们高中课外阅读的补充材料，按照老师的要求去抓所谓的核心思想；工作以后，因为经历了人生的很多起起伏伏，这个时候再去阅读《瓦尔登湖》，就会感受到梭罗很多微妙的情绪表达。在书里，我们可以看到梭罗从夏日的太阳写到秋天的果实、冬季的凛冽，再到春日融雪，每个季节的变化在他笔下都带有大自然的光辉和本真，喜欢他描述独自走进夜色的浪漫、湖水在天地间变换的颜色，也会忍俊不禁于他在湖边生活的日常吐槽。

你说梭罗是一个禁欲的隐士吧，他对世间的人事物又充满着自己独特的观察、见解，会冷不丁地讽刺或是自嘲一下；你说他热情生活吧，他又对廉价社交避之不及，甘之如饴地简陋独居，下笔金句频出——没有宁静生活的定力，无法做到这般哲思。正如梭罗自己在书中所言，“让我们如大自然般悠然自在地生活一天吧，别因为有坚果外壳或者蚊子翅膀落在铁轨上而翻了车。**让我们该起床时就赶紧起床，该休息时就安心休息，保持安宁而没有烦扰的心态；身边的人要来就让他来，要去就让他去，让钟声回荡，让孩子哭喊——下定决心好好地过一天**”。

刘擎：《瓦尔登湖》我大概读过三次，都没能从头到尾读完。年轻的时候觉得这个叫梭罗的人好啰唆啊，对于他描述的那种细节，我没有耐心去体会。梭罗是博学的，他的书不仅引经据典，其中还有很多博物学的知识，让我心生敬畏，却无法投入阅读。反思起来地说，至少我自己已经被现代人的心态和生活节奏塑造了，失去了那种耐心，去重访他的精神世界。希望今天亲临这个场景会给我新的激发，能让我读完这部作品。

严飞：刘老师年轻的时候是1980年代、1990年代，在不同的时代里面，人们面临的是不同的时代困惑，对未来的期待也是完全不一样的。1980年代人们在自由歌唱、在读诗，各种文化沙龙此起彼伏，在这样一个生机勃勃的时代里面，人们的精神面貌和我自己成长的时期是完全不一样的。我会感到今天我们非常想去阅读《瓦尔登湖》，但是社会的节奏却不断加速前行，几乎没有办法静下心来阅读这一本书。不知道刘老师您怎么看，是不是1980年代大家可以静下心来阅读《瓦尔登湖》？

刘擎：好像不是。我自己的感觉是，1980年代社会节奏特别快，是生机勃勃前行的状态。在那种高速发展中，整个社会带来很多可能性，人们很兴奋，也会有惶恐和迷茫的时候，但大多数人都过得匆匆忙忙，完全停不下来。大概只有少数人，比如我认识的个别几位诗人，他们有特别的敏感性，在那时候就开始忧虑，意识到我们需要恢复人与自然的亲近关系。在1980年代，“现代化”是时代的主题，已经成为主导性的社会动力，塑造了人们的精神和心态。读书人知道梭罗，但多半是将瓦尔登湖作为一种旧日的乌托邦，缅怀一下而已。但在经历了40多年的现代化浪潮之后，今天的中国可能处在另一种状况，对现代性有了反思和质疑的态度。我自己是到了现在这个年纪才有一点“后知后觉”，觉得有必要重访梭罗的精神世界，探索他的写作对我们时代的相关性。

严飞：我自己的阅读习惯，是特别喜欢在一个安静的晚上，如果是下雨天的晚上会更加好，在一盏黄灯下，我会一边听着雨声一边阅读，心境会和所阅读的作品很贴近，阅读起来特别有感觉。但是这样的机会是可遇不可求的。

刘擎：我们现在没有安静下来的晚上。

严飞：我们现在即便有安静的雨夜，也都在忙碌着其他的事情，无暇顾及自我。

刘擎：要做手上那些似乎非常紧迫的事情。但许多事情回过头看未必那么重要。

严飞：对，杂事情太多了。所以很多时候想去安静地阅读，却发现没有办法沉下心来。就好比很多时候我们想要安静地远离这样一种繁忙的、过劳的生活，但是实际上发现好像没有办法去远离。

刘擎：这种心态在学者当中也相当普遍。像严老师和我都是在大学工作。在以往的想象中，大学是一片宁静的净土，自由自在探索的地方。但目前的大学是一个现代体制，跟整个现代社会的机器一样在高速运转。教师不仅忙于备课和研究，还忙于各种程序性的管理事务，处理层出不穷的表格。那个自由自在的心境好像是可望而不可即的。其实，梭罗已经意识到这种困境。他生活的那个时代是美国城市化和工业化开始加速的时期，他自己感到了现代化节奏的冲击，为此而困扰。于是他来到瓦尔登湖畔隐居，因为他觉得在别的地方，哪怕是在附近的康科德（Concord）小镇，还是过于嘈杂。他自觉地要和主流的生活世界区隔开来，在这片自然的荒野之地让自己静下心来，他在这里生活了两年两个月零两天。

让我们思考一下梭罗对我们的意义何在？首先，你和我似乎都做不到长达两年的隐居生活，刚才说了，一个月可能还行。其次，我们阅读《瓦尔登湖》，大概会有着迷的时刻，但大部分段落对我们而言是遥远的，有隔阂的，没有深切的“代入感”。那么，我们如何才能走入梭罗的精神世界，理解他的心境和思索？

严飞：我觉得代入感真的是一个很重要的阅读条件。当我们身处瓦尔登湖，我会完全地代入其间，我会设想如果我是梭罗我住在这样一个小木屋里面怎么生活，是不是真的可以做到日复一日都在安静地写作。我同时也会好奇，为什么这本书的副标题是叫作“Life in the Woods”，而不是“Life at the Pond”或者干脆就叫“Pond Life”。我们现在目之所及差不多走路半分钟，就是静谧的瓦尔登湖，我们等会儿还会绕湖走一圈。从地图上看，瓦尔登湖的面积并不大，环湖一圈的小径总长只有1.7英里，相当于2.7公里。我相信梭罗当时一定常常在湖边漫步，甚至在湖中游水。

刘擎：而他的书名叫《瓦尔登湖》，你怎么理解？

严飞：我没有答案。我猜测也许梭罗觉得书名已经有了“Walden Pond”这一名词在前，后面再用一个副标题进行更具体地限定——他会觉得在森林里面的生活更加具有隐秘性，更加有一种幽静沉思的感觉，是真正地把自己隐居起来，与世隔绝。而“Pond Life”“在湖边上”大家就会觉得你是不是在度假或者在享受生活了。

梭罗主张避世主义吗？

刘擎：我们知道“瓦尔登湖”已经成为一个象征符号。这本书出版170年来具有持久的影响，包括对环境主义运动的启发，对人与自然之关系的重新理解。在我看来，梭罗表达了对工业现代化和技术文明的质疑，开启了一种对现代性的批判视野。随着蒸汽机的广泛运用，随着电气时代的兴起，技术的发展深刻地塑造了现代文明的气质。但梭罗关切的问题是这对人类的生存、对真正美好的生活究竟意味着什么？现代文明的繁荣是否也蕴含着对人类精神的某种破坏？在梭罗写作的时代，还很少有人抱有他这样强烈的关切，而在今天这已经成为大家熟悉的问题，但我们当代人似乎也越来越无力去应对和解决这个问题。在某种意义上，梭罗具有某种“先知先觉”的意味。今天我们对现代文明都有一些矛盾复杂的感受。现代高新科技的发展，各种层出不穷的非自然的“人造性”成就，带给我们丰富多彩的刺激、享受和愉悦，但与此同时，我们又感到某种怅然若失，好像生活失去了焦点，在破碎零散的小快乐当中迷失了自己，找不到生活意义的重心。我们大部分人都在“沉湎”与“迷失”之间徘徊，难以走出这种悖论性的境遇。所以梭罗在瓦尔登湖的静修隐居，对我们来说是一个令人向往的另类境界，却又是无法抵达的少数人的乌托邦。我想请教严飞老师，你是怎么看瓦尔登湖的意义，以及梭罗对今天的影响？

严飞：我觉得要回答这个问题，我们还是要先回到梭罗的写作背景里。梭罗的写作时间是1845年到1847年这两年里，在这个时间段西方正在经历着工业革命的转型，人们离开农田，转到迅猛发展的工厂去工作；工厂也经历了一系列的技术变革和创新。工业革命彻底改变了西方社会的经济结构，将之从农业经济转变为工业经济的体系，工厂、财务机构、银行及各种服务行业逐一诞生兴起，造成了人们工作及生活上翻天覆地的变化。这段时间也是我们社会学诞生的时间，有很多的社会学家都在这段时间里开始对社会的转型和变革进行深刻的反思。

刘擎：孔德的实证主义社会学也是在那个时候开始兴起。

严飞：对，那一段时期里，早期的社会学家开始深度地反思现代性转型之下普通人的处境，社会秩序的变迁如何给普通人带来深远影响，这样一种深远影响已经和神学时代完全脱节。工业革命自然带来了科学研究的滋长与发展，科学教育受到特别的重视，不仅在大学学府，而且在整个社会中，科学变成了最重要的思考方式及研究方法，很多旧的哲学思想及信念受到挑战和冲击而遭抛弃，代之而兴起的是所谓的启蒙哲学，强调自然法则、理性认知，以及使用科学的经验研究来分析社会秩序及变迁。而这样一种对于自然法则的反思对梭罗来讲更加有着重要意义，这样的重要意义就是他的亲哥哥突然离世，他自己也需要通过远离城市来进行一种心灵的自我疗愈。**当生活回归到极简，一切靠自己动手劳作后，梭罗的内心反而格外澎湃，跟随着湖水经历了一年四季的更迭，孤独而丰沛**。梭罗认为人们奔波劳碌，“错过”生活，被他人的目光和评价所绑架，看不到其他让生存充实的方法，“我希望这个世界上有尽可能多的与众不同的人；但我盼望每个人都能非常清醒地去发现和追求他自己的生活方式，而不是模仿他的父亲、母亲或者邻居”。书里面还有很多梭罗的自言自语，我觉得他是在做自己的心理医生吧。

刘擎：对，絮絮叨叨的。

严飞：但另一方面，尽管梭罗说我是生活在森林里面，但实际上距离瓦尔登湖一英里的地方，就有一座叫作康科德的小镇，那里是梭罗的家乡，是可以步行到达的。而瓦尔登湖距离梭罗的母校哈佛大学就稍微有点距离，我们今天开车都需要半个多小时才可以到达。所以梭罗并不是完全地与世隔绝，实际上还是会有很多的社会联系，缅因州的一些朋友会时不时过来拜访他，他也会跑到好友爱默生家去吃饭，甚至还帮他带娃。

刘擎：这块土地就是爱默生提供给梭罗的。

严飞：是的。爱默生非常爱护梭罗，给他提供了非常重要的支持和帮助，毫无功利之心的友谊非常难得。可以说，如果没有爱默生，梭罗肯定写不出《瓦尔登湖》。好友之间的交流，会排遣很多精神上的郁闷。我相信没有人会忍受得了在一个完全寂静封闭的环境里长时间独处。从社会学角度出发，人是社会性的动物，一定要和社会紧密地结合在一起，产生互动和联结。快速的工业化转型确实让人们重新去反思自然主义，但自然主义倾向并不意味着我要和人世、和这个社会完全地脱节。在此意义上，梭罗并不是与世隔绝的隐士。

刘擎：对，我觉得那样理解梭罗是狭隘的，如果他真想成为一个隐士，那就不会在这里只是生活两年两个月。

严飞：而且他也不会去选择瓦尔登湖。从地理位置上来说，瓦尔登湖边上就是康科德小镇，而梭罗居住的小木屋就挨着瓦尔登湖入口，并没有建在继续往里面走很远很远的森林深处。

恢复生命的完整性

刘擎：在我看来，**梭罗并不是简单地想要与世隔绝，而是要通过在空**

间上拉开距离，让自己有意识地进入反省沉思状态。在工业文明已经越来越普遍地裹挟了人们的生活时，他要追问：我们是不是失去了某种重要的精神品质，是否应当重新恢复生命的某种维度，恢复人与自然的亲近关系。用存在主义的语言说，是那种人类对自然最原初的关系，具有灵性地看待自然，而不是把自然仅仅当作“自然资源”，比如看到森林，只想到“木材”，完全视为“取用”的对象。他的写作有一种基调，或者说一条很明确的脉络，就是好像要和大自然对话，聆听森林与湖泊的声音，同时也在向自然诉说。

这种文学风格本身就具有哲学性，蕴含着“超验主义”的自然观，相信自然万物也是有灵性、有情感的，自然和人类有一种呼应的关系。这种呼应当然是人的想象，或者说是人类“建构”的观念。但是无论如何，这是人类或者古代人看待自然的一种原初方式，而这种方式在工业革命和城市化以后逐渐被祛魅了、被边缘化了，自然完全被我们看作是可以取用的材料资源。我认为，梭罗并不是要以避世主义来复古，而是期望在进入现代文明的同时让我们保持与自然更丰富更亲切的关系，从而发展人类丰富的精神性。也就是说，梭罗的主旨在于恢复现代人生命的完整性，而不是要跟现代文明一刀两断。

严飞：这点我是非常同意的，就是刘老师说的恢复生命的完整性。我比较反对阅读《瓦尔登湖》的一种方式，就是把瓦尔登湖看作一种避世主义，在真实的世界里遭遇到很多挫折和困扰，不知道应该怎么办了，于是选择逃避现实，和外面的社会完全封闭式的隔绝，把自己安全地保护起来，从而变成隐世的避世主义者。在我看来，《瓦尔登湖》不等于避世主义。

刘擎：我完全同意严老师的解读。在现代生活中，大家时常会感到这个世界喧嚣、混乱甚至败坏，也就时不时会心生一种期盼：想要远离眼前嘈杂的现实，向往一片净土，像桃花源一般的乌托邦，在那里可以获得心灵的宁静，享受精神的自由。但是，哪里去寻找这样一种桃花源？如何才能获得宁静而自由的精神状态？很简单，你下决心选择“出家”去寺庙做僧侣就行了，可是这种选择对绝大多数人来说不是一个真正可行的选项。我认为，对精神生活的向往是可贵的，但对大多数人而言，追求理想的方式不是靠唯心论的避世主义，不是逃离现实，而是要**以新的视野和心境、以更具有创造性的方式去面对社会生活，从中努力恢复生命的完整性**。然而，个人精神生活的品质，不仅仅依赖个体的内心活动，也依赖社会性的条件，因此包含着社会维度。

梭罗从来不漠视社会问题。他的写作具有明确的社会关切。在书里他不仅写了自己的劳动、他的阅读和思考，也论及了他的社会交往。我读到一个有意思的情节。有一次梭罗要在康科德镇的一个学院借书，但他被拒绝了。因为学院规定，学校的书只能借给在校的老师、学生和周边镇的居民，而梭罗现在不属于这个镇的周边居民。梭罗为此提出了反驳，他的理由是说时代变了，现在已经有了火车，这改变了人们的距离感，“远近”的概念要被重新解释。他认为自己就处在这个学院的“附近”。在这里，他敏锐地观察到时代技术变革对文化概念的塑造，并用作例证来支持自己的要求。梭罗介入社会问题还有一个重要的方面——积极投身于当时的废奴运动，他和他父亲当时开办的铅笔厂，帮助了许多逃亡的奴隶转移到加拿大。

严飞：这是他长期以来一直坚持的一种政治的信念。他从来不避世，他是积极的行动主义者，一生致力于废奴运动和社会改造。大家不要忘掉他的另一部作品《论公民不服从》（*Civil Disobedience*），甚至我会认为，这一部作品才是梭罗人生中最为重要的政治随笔。他在此书中明确地提出，“最好的政府是管得最少的政府”，“除非国家承认个人是更高的、独立的权力，而且国家的权力和权威是来自个人的权力，并且在对待个人方面采取相应的措施；否则就绝对不会有真正自由开明的国家”。

刘擎：这也是爱默生特别欣赏梭罗的一个缘故。爱默生比他大14岁，在梭罗去世的时候写了篇很长的悼念文章。爱默生赞赏他的理想主义气质，体现在支持废除奴隶制和废除关税的言行之中。

爱默生从波士顿到康科德这边来，也把梭罗带入了自己的社交圈，其中有许多社会名流和作家，包括霍桑等。爱默生说，对梭罗而言隐居只是一种适宜的自然的方式，而当他用尽了隐居生活的优点，很快就放弃了它。梭罗生前只发表了两本书，《瓦尔登湖》比较有名，而前一本小说卖得不太好。还有，就是留下了大概200万字的日记，后世有人整理。爱默生认为，梭罗真的不在乎会在功名意义上获得多大的成功，他就是享受自己认为重要的和有意义的事情，那就是寻求知识、真理和美，实践一种天真而纯粹的生命理想。

把“瓦尔登湖”作为动词

严飞：我其实一直有一种想法，就是我们今天很多人想去追求瓦尔登湖式的生活，一种安静的、远离喧嚣的自我状态，但我一直觉得也许我们可以不要把瓦尔登湖当作一种静止的状态，说我们想拥有一片瓦尔登湖，或者说当我们来到了一片安静的地方时，这就是我的瓦尔登湖。

不是的，瓦尔登湖从来不是一种静止的状态，我觉得我们应该把瓦尔登湖当作一个动词，就像梭罗在书里面写到，**我们的身体就是我们的庙宇，我们要不断地去管理这座庙宇。**那么如何去管理这座庙宇呢？

我们需要回到日常生活的深处，在看上去琐碎无常的日常中发现生活的动力和活力，不断地增强自己心灵的状态。我们无时无刻不置身于真实的日常生活世界，它直观、具体、琐碎，是人类社会最质朴的也是最不可替代的面貌。然而，它却极易被忽视、被遮蔽，我们似乎正在丧失掌握有意义的日常生活世界的能力。

所以把瓦尔登湖当成一个动词，就是学会以日常生活为基础点，挖掘日常生活的价值，提升日常生活的意义，创造日常生活的合理形态，这样就可以构建出一个更加丰富的日常生活经验世界，看清楚内心真实的自我。用跟梭罗生活在同一时代的法国诗人波德莱尔的话说，“对一个十足的漫游者、热情的观察者来说，生活在芸芸众生之中，生活在反复无常、变动不居、短暂和永恒之中，是一种巨大的快乐”。

讲一个例子。今天很多人都觉得现今的时代特别的卷，特别的悬浮。每个人都想摆脱现在，逃离让他不满意的东西。我们要奔向哪里？不知道。只是无时无刻不在移动，没有根基地悬浮在这个社会之中。这种普遍失根的焦虑心态让生活在现代社会的大多数普通人，都在经历着期望与现实的断裂而造成的焦虑和身份迷失。我一直有一个比喻，我们今天飞速发展的社会是一辆高速行驶的列车，每天大量的乘客都被人潮推挤进入车厢——想想北京早高峰的西二旗地铁站吧，很多时候你不是自己在往前行走，而是被后面的人推着往前走。大家如此急切地向前奔赴，如此渴望获得他人的认同，却不知道自己的目的地，也道不清列车行驶的方向。对于很多人来说，生活中的大部分时间已经为我们急切向前奔赴所做的努力而占据，仅剩下一丁点的空闲时间，我们愿意通过看一些刺激的、惊险的、有趣的或无聊的短视频，在感官刺激之下放空大脑。用这些方式消磨掉睡意来临前的时光，无非是为了摆脱积攒了一天的疲惫和焦虑，暂时逃避人在没有根基的时代之中，因身份迷失而带来的无所适从。

当人们厌倦了当下的生活，于是就天然地想要去寻找一片属于自己的瓦尔登湖。但其实，我们可以在每日的生活中把“瓦尔登湖”当成动词，而不再是蜷缩在沙发上花3分钟看完一部“小美”与“大壮”的电影，1分钟读完一本书，然后手指再机械地滑到下一个短视频。

我们也许可以真的打开一本书阅读，每天做一些有意义的事情，这样一点一滴的日常积累，5分钟、10分钟、15分钟，其实就是把每一天的当下变成了一种动态的寻找瓦尔登湖的行动。换句话说，瓦尔登湖并不是一个遥不可及的乌托邦，如果大家愿意好好建设身体这座庙宇，在日常生活中弄清楚自己的长处和局限，便能拥有清醒、灵性，获得更大意义上的自由。

所以如果我们今天学习梭罗，也选择居住在瓦尔登湖，这里一定不是安静的世外桃源，每天我们依旧需要处理很多日常的琐事，听到现代都市生活的各种声音。

刘擎：现在瓦尔登湖也不是完全安静的，我们被空中飞过的飞机声音打断。现在许多人的日常状态是用碎片化的、浅薄的娱乐来抵抗碎片化的、卷的苦闷，但这并不能安顿自己。无处安放自己的时候，就去想象一个乌托邦，一个无法抵达的乌托邦，这样就陷入虚无了。严飞老师说得好，把“瓦尔登湖”作为动词，在我看来，就是把它作为一种动力，一种dynamic，内嵌于我们的生命。这不是一个状态，而是一个不断成长的过程。这种理解带来一种视野转换，不是要逃到瓦尔登湖与世隔绝，而是要让自己在日常的情景中转换一个景别，进入一个超越性的“大远景”，与日常琐事拉开距离，哪怕每天有20分钟、30分钟进入这种状态，通过阅读、散步、听音乐、看风景，摆脱让我们“困在系统中”的实际事务，更完整地来体会生命的意义，包括工作的价值、人际交往以及劳作和娱乐，这样可能就会获得一种辽阔的和安静的感觉。在我看来，这是打开《瓦尔登湖》和梭罗世界的更好的方式。

严飞：我在这里又想到另外一本书，韩炳哲的《沉思的生活，或无所事事》，它的标题的后半段“或无所事事”特别有意思。“无所事事”不是我们日常语境下的“什么都不做”，而是一种沉思的状态。只有在看似无所事事的静观与沉思中，人们才能更好地安顿身心。在这本书里，韩炳哲还提到了一个对于幸福的描绘，他说什么是真正的幸福，“真正的幸福得益于没有目的和实用价值的东西，以及刻意的繁复，得益于不产出，得益于曲折的路、游荡和冗余，得益于不作用于也不服务于任何事物的美的法则与姿态”。

但在今天这样一个高度追求单向度的经济生活、追求社会成功的社会体系下，任何事情都显得匆匆忙忙，无所事事就会变得非常的罕见。这也是为什么今天我们没有办法把瓦尔登湖作为一个动词的原因，人们很多时候都是被动地做出选择。一刻都无法停歇的KPI指标，迫使大家进入一种不得不卷的生活形态之中，按照既定的方程式“程式内卷”，觉得忙碌的人生才是充实的人生、成功的人生，而无所事事则是不正确的人生。每个人也因此变成了马克斯·韦伯笔下被束缚在高度理性化铁笼里的“快乐的机器人”。

当被功利主义所裹挟的时候，我们需要更多的清醒，认清自己能力的边界，学会勇敢地说“不”。借用刘老师的一本书名，就是要做一个清醒的现代人。我刚刚来到哈佛报到的时候，哈佛对新老师的培训就包含了教我们要学会说不，对于自己不想做的一些事情勇敢地拒绝，做好自己时间的管理，因为你是自己时间的主人。

刘擎：要主导自己的生活非常不容易，许多时候你感到自己不能说不，不能不卷，否则你立刻就会付出明确的代价，我们都很清楚。但恰恰是在这里，我们要停下来想一想，如果我们无限度地陷入内卷，让自己丧失了自主性，难道不是在付出更大的代价吗？实际上是在整个生命的意义和价值意义上付出了隐形的、不可计算的、不可指标化的更大的代价。

严飞：结果却是需要花费更多的时间、更大的代价去追寻心目当中一个乌托邦式的瓦尔登湖，而且永远不可抵达。

刘擎：当然，有人会说，你们是“站着说话不腰疼”，谁想卷啊？可是你不卷是不现实的，这就陷入了一个死循环。这里我们想邀请大家进一步来思考，就是如何平衡自己眼前的实际生活需求与更深远的生命渴望之间的关系。其实，梭罗的一生差不多是一种“人生试验”，就是看看能不能用最少的物质财富来过最丰富的生活。他的生活可以如此简朴，但他的精神世界如此丰富。旁人看他的生活真是苦兮兮的，但他自己却深感幸福。当然，我们大多数人达不到梭罗的境界，也不必去完全模仿他的生活方式，但适度的平衡总是可能的。其中的一个要点就是，**避免让眼前利益的“最优化策略”把自己带入无限的内卷竞争**。

为什么“最优化策略”对我们有极大的诱惑？因为你知道，只要稍微退出一些内卷，你就会付出现实的、可以计算的明确代价。可是，如果无限度地竭尽全力卷入这个竞争游戏，你付出的代价其实是巨大而无形的，只不过它不容易用指标化的方式显现出来。但这种代价的后果是什么？可能是你走过漫长的一生，到达自己暮年的时候，有一种深深的“憾恨”：感慨这一生过得真不甘心，因为你从未抵达，甚至未曾靠近那个心中向往的“瓦尔登湖”。许多人以为，那是获得“财务自由”后会前往的旅途，但我们几乎总是“尚未财务自由”，结果获取“财务自由”的最优化策略，反而可能让我们失去了自由。

但我们不必如此，走向你自己的“瓦尔登湖”，可以从每一天开始，可以从现在开始。大家可以自己来思考：我们是不是在现代社会中就完全别无选择？我们必须被这样一个极速转动的车轮裹挟到底吗？今天的社会，似乎所有经济阶层都忙到无以复加的地步。弱势的阶层在忙，中产阶层在忙，所谓“成功人士”也在忙，所有的人都承受着“时间的饥荒”。鲍曼在《工作、消费主义和新穷人》那本书中提到过，旧欧洲的“成功人士”是有闲暇的，老贵族生活在闲暇中，而现代社会所有的人都特别忙。当然，工作竞争带来了现代世界的各种发展和繁荣，尤其在物质文明方面。我们有足够的、远远超过我们所需要的各种各样的物质消费品和文化娱乐产品，我们也获得了许多享受和快乐，但在另一方面，这种现代的繁荣让我们的生活，尤其是心灵生活失去了什么？

现实问题怎么办？是的，我们绝大多数人无法完全退出这个内卷的游戏，但我们总有办法有限地超脱，拒绝将内卷变成自己的无限游戏。对个人来说，我们无法为所欲为，但总是有办法有所不为，这意味着我们总有一定的选择权，可以有所取舍。当然，所有的取舍都有代价，但如何权衡利弊得失，不能只关心那些显性的、可以被计量的代价，还要和那些隐形的、巨大而无形的代价放在一起衡量，尤其依据对生命整体的意义和价值的视野来思考权衡。至于具体的选择和行动，我们没有标准答案，也不可能提出一个教科书式的指南。这个问题必定要交给每个人自己，根据自己的处境，特别是根据自己的思考来尝试和确定。

今天我们走近瓦尔登湖，在湖畔交谈思索，这是一个契机，邀请我们**去努力恢复对生命的整体性视野，并提醒我们不要失去开阔的旷野精神和意识**。让瓦尔登湖和这片森林在这个情景当中，给我们新的启发和灵感，带着自己的思考去探索和选择。

严飞：刘老师已经做了非常精彩的结语。梭罗的迷人在于对精神世界的探索，他以这场生活实验告诉170多年后的我们，如果你常常焦虑于自己的产出、价值，恨不能以2倍速的节奏达到目的，否则就怀疑存在的意义，好像无法允许自己坦然活下去，那可以去看看以0.5倍速生活的梭罗是怎样一边倾听湖底冰裂的声音，一边尊重自己内心深处召唤的；一边淡然出世，在森林里劳作，和小动物、植物建立相处的秩序，抛开奢欲，尽可能地自由而洒脱，一边又对世界充满着细枝末节的关怀，身体力行地参与到社会改造之中。

在我们的生命长河中，一定会在不同的场景、不同的时间点出现过各种类型的瓦尔登湖，它也许是瓦尔登池塘，也许是瓦尔登大海，**但很多时候我们不是刻意地寻找这片大海、这片池塘，而是当我们遇到这片池塘、这一刻宁静的生活的时候，我们要勇敢地走进它的深处。**

2

人文教育
让我们
第二次成长

人同时是生物的和精神的存在，人的精神性是人这种存在的基本现实。

拉德克利夫学院的女生走入哈佛校园

刘擎：上次我跟严飞老师在瓦尔登湖畔谈了关于《瓦尔登湖》这本著作，今天我们继续这个对话系列，来谈谈关于人文教育的问题。今天我们来到的场景是哈佛大学Radcliffe College，这是严飞老师所在的研究机构。

首先请严飞老师介绍一下Radcliffe College。

严飞：那我就先简单跟大家介绍一下。Radcliffe College好像还没有一个专门的中文名字，所以大家直接音译过来叫拉德克利夫学院。实际上它最早是一所女子文理学院，创建于1879年，是美国"七姐妹"学院之一，著名的韦尔斯利学院（Wellesley College）也是"七姐妹"学院的一员。大家可能想不到，原来那个时候哈佛是不招收女生的，即便到了1920年代美国女性在第一次女权主义浪潮中赢得了投票选举权，包括哈佛在内的很多大学都依旧拒绝招收女生。所以最早这里被叫作"哈佛附楼"（Harvard Annex），女生都要在这里单独上课而不能去哈佛园和男生坐在一起听课，而哈佛的教授们就两边来回跑，在哈佛园这边给男生授课后，又跑去拉德克利夫学院给那里的女生再讲一遍，当然因为课程上了两遍后会获得额外的薪水，所以也挺受当时的哈佛教授们的欢迎。

刘擎：这里要补充一句，在1960年代之前，哈佛的女性教授的数量都非常少。

严飞：是的，到了1960年代，随着一波又一波民权运动和反战运动的兴起，对性别平等的追求也成了大学教育里非常重要的一环。1963年，哈佛的艺术与科学研究生院开始向女生开放，拉德克利夫学院的女学生们终于走入了哈佛园上课，毕业后也可以获得哈佛大学的文凭。这一时期，其他一些常春藤学校，比如耶鲁大学、普林斯顿大学，也开始招收女性学生。

这里有必要多说一件趣事。1967年，张爱玲申请到了拉德克利夫学院的一个驻校作家的奖学金，在这里从事写作和研究工作，一直到1969年才搬到加州。在哈佛的两年里，她准备把清朝的长篇小说《海上花列传》翻译成国语和英文。《海上花列传》以吴语写成，主要描写清末上海妓院中的生活，1998年侯孝贤导演拍了一部电影《海上花》，就是改编自这本书。

当时张爱玲就住在拉德克利夫学院边上的公寓里，地址是布拉特尔街（Brattle Street）83号，这栋公寓现在依旧在，拉德克利夫学院的很多学者都住在那里。

刘擎：很巧的是，和我们同一届的哈佛燕京访问学者肖晓燕老师，她租借的公寓恰好就是张爱玲曾经的住所，在4楼的403室。到她那里聚会，就参观了张爱玲的故居。

严飞：1977年，拉德克利夫学院与哈佛大学正式合并，后来就变成了哈佛校内一个致力于推动交叉学科研究的高等研究院。在这所研究院里，每年来自世界各地50位不同领域的科学家、人文社科学者、诗人、小说家、艺术家齐聚一堂，他们被统一称为拉德克利夫学者（Radcliffe Fellow）。在这边，每周二、周三都会有拉德克利夫学者们之间固定的学术交流，这周也许是一位天体物理学家在分享他对于引力波的研究，下周就是一位小说家在绘声绘色地描绘她对于1920年代美国黑人女性运动的观察，再到了下一周就是一位生物学家告诉我们为什么鲸会唱歌，海豚却不会。因为是真正的大学科交叉，有些话题对于我来讲仿佛是在听天书，但也乐此不疲，看到了很多有趣的学科前沿发展。比如说最近我和一位印度小哥关系特别好，这位印度小哥被称为印度的“青蛙王子”（man of the frog），因为他专门研究印度的青蛙，会跑到雨林里蹲点观察青蛙的生态，迄今已经在印度发现了超过100种新的青蛙物种，非常了不起。当然我们在一起的时候也不会只讨论青蛙，我们会一起讨论成都有什么好吃的美食，因为他在成都也会有很多的合作研究。

刘擎：说明一下，哈佛燕京学社每年都有个别学者，获得其他机构的联合资助。严老师就从拉德克利夫学院得到了资助，成了两个机构合作资助的学者。

严飞：因为他们也特别需要亚洲学者的声音，而不仅仅关注美国本土的发展。

“无用之用”的人文教育

刘擎：现在我们来到严老师办公室所在大楼的三楼，继续讨论我们的话题——人文教育。倡导通识教育、强调人文价值是哈佛大学的一个悠久传统，但也一直存在争议。比如最近，哈马斯与以色列之间的冲突在世界各地引起关注和讨论。不久前哈佛大学有34个学生团体的成员发表了一封联署公开信，谴责以色列政府“应该为正在发生的所有暴力事件负全责”。这封公开信引起了很大的反响和争议，哈佛大学有许多师生为这份声明辩护，但也有一些校友质疑这些学生的价值立场，认为这封信有“支持恐怖分子”的倾向，要求校方干预，甚至有资助者威胁校方要取消对哈佛大学的资助。

严飞：哥伦比亚大学还封了校，加州大学伯克利分校还有其他一些大学也在爆发类似的学生社团之间的冲突。

刘擎：我们今天讨论的焦点问题不是学生抗议的事件，而是由此引发的对大学人文教育的争议。我们可以说，美国高校的学生能为远在巴勒斯坦的民众发声，表达对他们的关切和支持，这种道义立场就体现了大学人文教育的价值。但也有一些人，特别是保守主义者，质疑目前大学人文教育的导向，让学生陷入了价值观的混乱，无法在道德上做出正确的是非判断。比如哈佛的前校长、经济学家劳伦斯 · H. 萨默斯（Lawrence H. Summers）就是如此，他在许多问题上持陈旧保守的观点。他任校长期间在一次会议发言中声称，生物差异导致男性在数学领域的表现要优于女性，后来他因为这个言论引发的公共批评被迫引咎辞职了。可是萨默斯本人及其父母，都是美国精英大学的毕业生，也接受了人文教育的滋养，如果他自己的道德判断是成问题的，那么我们就有必要追问：人文教育的理念和价值究竟是什么？

大学精神和人文教育在当代面临许多问题和挑战，这当然是一个很大的话题，我们只能涉及几个方面。我想请教严飞老师，你在不同的地方读书，也教过书，可以看到，无论是在西方还是亚洲的大学，如今都面临着一些相似的深层次危机，教育越来越职业化、专业化，以商业和产业的目标为导向。在这样的处境下，所谓“无用之用”的人文教育、通识教育，对我们个人而言意味着什么？对社会又有什么特殊的价值？

严飞：这是一个非常宏大的命题，没有办法用一两句话来进行一个简单的概括，说我们只需要人文教育，不需要技术类型的教育，或者说我们只需要技术类型、工具理性的教育，而不需要人本主义、价值理性的教育，这并不是一个非A即B的游戏。

我想先讲讲自己的故事。在过去20多年时间里，我曾在很多不同类型的学校里学习和研究，从英国牛津大学到美国西海岸的斯坦福大学，今天又来到哈佛大学进行学术交流，慢慢学会了带入比较的视角，去观察不同学校的风格和价值体系。我发现，我待过的几乎所有学校都特别强调人文主义教育，坚持价值理性的追求。但是另一方面，有些学校在实际的管理层面，又会和所追求的人本主义理念产生一些冲突，这样的冲突不仅对学校和老师产生影响，而且对居于期间的每一位学生也会产生很大的影响。

我有两段经历印象非常深。

第一段经历，我之前在香港一所学校里面教书，这所学校紧挨着一座巨大的购物中心。我每天上班的时候从地铁站出来，必须得穿过购物中心，再从购物中心和这所学校连接的一个人行通道里走过去，才算进入学校。当时大家都会有一个印象，香港最具代表性的公共空间莫过于各色各样的大型商场，面对城市中无所不在的商场，你避无所避。当时从哈佛大学退休后回香港任教的李欧梵教授还专门写了一本书《又一城狂想曲》，专门讨论消费主义如何塑造出香港独特的现代性，那些密密麻麻眼花缭乱的大型商场不啻为一种后现代的拱廊，代表着香港独有的城市特质和文化面貌。在消费主义的裹挟之下，普通人目迷五色、耳乱五音，不知身在何处，只好意乱情迷地游走，不知不觉地走进商场，一次又一次地成为商品的俘虏。而我自己每次从这个大商场穿过，走入连接学校的人行通道的时候，观察到通道两旁会贴有学校的宣传口号。有趣的是，一面墙上贴的是代表着学校人本主义价值观的目标追求，另一面墙上则贴着清一色身穿西装的学生，在展现着自己精干的职业导向和职业追求，给人最直观的感觉，就是学生学成毕业后的未来目标，是成为职场上的精英人士，让自己有非常好的职业化发展。而大学，表面上更为开放，也让学生获得了更多的自由，却导致了以职业为中心的专业化计划的盛行。教授和大学生不约而同地使用这样一种换算方式：这些知识能让我挣到多少钱呢？能挣到一分钱的知识，便用一分的时间和精力去讲授或学习。

有意思的是，这所学校每年最自豪的成就，就是在泰晤士全球高校排名榜中又前进了几位。指标压力之下，博士、教授们都成了论文生产线上的机器，一项课题可以就其中几个变量的异同颠来倒去地翻炒出好几篇论文。这条论文生产线也讲究专业化的分工，在我当时所在的社会科学系，有位副教授最为擅长统计运算，被奉为镇系之宝，因为系里但凡有其他教授的论文牵涉到复杂的统计分析，就好像装配某一重要零件一般，都必须交给他来做。他每年也因此会发表十几篇学术论文，但迄今鲜有一篇具有影响力和创新力。这种学术思想上的标准化生产，正是得囿于对工具理性的过度追求而忽视了人文底蕴这一本为内核的因素。

另外一段经历，则是我当时在牛津大学留学时所感受到的。学校里有一个大名鼎鼎的牛津大学辩论社（Oxford Union Society），是英国最古老的大学辩论社，同时又独立于牛津大学，有自己的图书馆、会议室和辩论厅，每周都会在固定的时间在辩论厅里举行辩论。在牛津看来，大学的精神和灵魂，正在于大学内部开展的这些自由、公开且热烈的辩论，由此培养学生们自由辩论的精神。这种辩论可以是关于一个特定的学术议题，比如自然科学、人文社科领域里的一个前沿发展与传统理论的对话，也可以是关于大学本身的行政管理甚至校长施政措施的讨论。在校级层面，牛津每年都会举行一场大辩论，有一年他们请来了一位神学家和一位生物学家，两位学者就达尔文社会进化论对现代思想的影响，展开了科学与宗教在21世纪的大辩论，当时很多学生都参与其间，进行了跨学科的热烈讨论。

刘擎：那辩论结果是什么？

严飞：辩论结果其实不是去分输赢，而是启发大家，从神学的角度出发，怎么样理解物竞天择、适者生存；从生物学的角度出发，又是如何理解生物进化对当代社会产生的冲击和影响。

刘擎：这个讨论其实就是人文教育的一部分，对你来说感受是比较好的。

严飞：冲击非常大。在我的求学生涯里，从来没有想过把神学的讨论加入社会科学的研究之中，因为我们从小的教育体系自动把宗教这一块给摘除了，我在这一块的知识点是完全缺失的。事实上，神学是关于人类理性的讨论，它的思想也在不断迭代、发展。哈佛大学就有一个神学院，会做很多关于当代人价值心态、政治哲学、思想史、艺术史的研究。

刘擎：神学院就距离我们办公室不到100米。我昨天就仔细去看了一下他们的教室、办公室，特别是他们的图书馆，浏览里边的藏书。神学院的图书馆有非常丰富的馆藏，书目主题很广泛，远远超出了狭义的神学和宗教研究的内容，包括论及什么是爱，什么是忍受，什么是能力的缺失，等等，有很多当代议题，以及它们与神学传统问题的关联。在宗教议题的论著中，还有多种视角，包括专门研究黑人群体的视角，比如当代黑人基督教如何理解耶稣等等各种丰富的主题。我的感觉是，神学与宗教研究也保持着对时代关切的敏感性。

回到人文教育有什么用的问题。刚才严老师讲他在香港那所大学的经历，每天去学校要经过那个大商场，那个世界的实用性触手可及地呈现给你，而且可能对你构成一种压力。可以设想一名年轻的本科生，心里回想着老师的教导，说大学教育不只是专业技术，而是要让你成为一个有情怀、有理想的人，但当你穿过商场琳琅满目的橱窗，再看看商品的价格，就会和现实世界生成另一种物质性的关系，会关注自己的购买欲望和能力，然后会想到未来的职业生涯，会有什么样的收入，跻身于什么样的经济阶层。最后到学校进教室，听老师给你讲文本中的情怀和诗意、古典的辞章、伟大的人文主义传统，你可能又会被感染甚至激动，这是你和一个文化精神世界建立的一种密切关系。但下课回家的路上，你再次经过“又一城”的时候，你又回到了那种与物质世界的关联，你会感到内心冲突吗？会感到为难、迷茫、不知所措吗？教育的实用性和教育的人文价值，两者之间存在着持久的张力。

20世纪初，著名的德国哲学家卡尔·雅斯贝尔斯（Karl Jaspers）——他也是海德格尔的朋友，是阿伦特的老师——写过一本书《大学之理念》，他主张一所大学要把职业性、人文性和研究性这三个维度整合起来。他反对把这三个维度拆开，比如一种是职业学校，一种是完全研究性的大学，还有一种就像美国的文理学院，讲人文、历史、哲学等。雅斯贝尔斯有着全面教育的理念，大学生既要有面向世界的实用性，又要做一个有情怀、有道德关切的人，还要有纯粹出于智性探索的研究，他认为这三个方面应该合在一起，才能成为一个健全的知识人。但这在当代似乎非常不容易实现。比如，现在全世界的大学排名评估指标中，有一项非常重要，这就是毕业生就业率，以及大学毕业以后就业的起薪工资水平——这类非常具有实用性取向的指标占据很大的权重。近十年以来，不断有教育界的学者、专家质疑大学排名的客观性和意义，也有相当一部分大学明确宣布退出大学排行榜的评比。

大学产业化与教育商品化

严飞：在大学排行榜里还有一个很重要的指标，就是它的外部经费。外部经费不仅仅是捐赠，还涉及学校每年能获得多少科研经费。这一衡量指标导致今天的大学不得不采用以实用主义为导向的办学方针，也就是我们所看到的大学产业化的发展趋势：教育成为一种商品，大学产业泛滥。为了增加经费，学校就天天想着如何创收、如何经营、如何转制，也就自然不会花心思在人文主义培养上了。

日本学者吉见俊哉有一本书，叫作《“废除文科学部”的冲击》，分析了日本在2015年前后关于是否要“废除文科学部”的争议。“二战”后，日本政府致力于振兴工业和经济，在师资和预算分配上更偏重理科，因为在日本政府看来，理科易于把理论付诸实践，可以在短期内取得成果和效益，是一套“看得见”的体系。2004年，日本开始施行国立大学法人化的政策。法人化之后，以追求效率为前提，日本的大学权力集中于校长与理事会，大学的预算逐年递减1%，大学的财政基础由此发生了显著变化，运营资金的重心从传统的运营性经费拨款转向为竞争性资金的获取。所谓运营性经费，主要是政府对大学的行政性资助，而竞争性资金则要求大学自行筹措，这包括吸引企业投资等用于科研的资金。那么，如何吸引企业投资或其他形式的竞争性经费呢？答案通常在于加强理工科技术的发展以及专利的市场化运作。通常，理科领域的研究由于其结果的可预测性和所需时间较短，更容易展示出明确的“经济效益”，从而能在短期内提升大学的国际排名。相反，文科研究往往难以设定具体的目标或成果，其研究价值更多地体现在学术意义而非直接的经济回报上。

刘擎：的确，许多大学都会面临这样的问题，美国大学大多希望跟公司R&D（Research and Development）的研究结合起来，获得研究经费。我们国内的学校也鼓励教师与企业合作，争取“横向经费”，获得外部经费也会被算作教师的一种业绩。这些指标已经被制度化，成为高校教授工作的结构性环境，是一种潜移默化的巨大力量，对大学教育的定位会产生很大的冲击和影响。的确，注重现实世界的实用性，强调工具理性和功效价值，带给我们可以看得见、摸得着的实实在在的经济发展和物质成果，这对每个人生活的重要性显而易见。但是，我们又有一个持久的挥之不去的理念，就是说**如果我们受过大学教育的人，最终只是擅长工具理性，只看重物质性的功效价值，我们好像没有成为值得称道的人，不再是心目中具有高于动物品质的人类**。

严飞：这点我特别同意刘老师的说法。当然强调人文教育，不是为了打击理工科，而是两方面都需要，都不能否定价值。人文的使命是在利用理科领域产生技术的同时，深究其社会价值。所谓价值，原本就具有多元性、复杂性，价值和意义也会在历史中发生变化。既然我们需要兼顾工具理性和价值理性，就必须将它们缜密地结合起来。但更重要的是，在追求以价值为主导的过程中，我们应该如何采用长期主义思维去理解不同价值导向对我们自身的深远影响。尽管追求工具理性可能在短期内带来投资回报，但从一个更长的时段出发，追求价值理性更为关键。价值理性要求我们对人的现状进行深刻反思，这不仅关乎我们自己，还关乎整个人类。这种深远的反思将在更长的时间内推动整个社会向更好的方向发展。

刘擎：但是问题就在于，训练工具理性的投资和回报是明确的，它的优势和局限也是明确的，可人文主义或者价值理性导向的投资和回报，却很难用投资回报这种术语。我们努力获得的收获，这种收获是什么？很难衡量和评价——那么人文教育的价值，在许多人看来就是非常可疑的。

严飞：对，没办法测量。

刘擎：第一，它没办法用数量化的指标测量；第二，它到底能带给你什么。我们经常会说“无用之用”是大用，但现在很多人对此持有怀疑态度。美国目前在政治和道德立场上产生了日益严重的分裂，也对大学的人文教育提出了挑战。的确，人文教育鼓励人的开放精神和批判性思考，但受过大学教育的知识精英，在公共文化中对弥合社会的分裂没有起到多少作用，反而加剧了分歧和冲突，这加深了普通民众的一种偏见：自然科学和工科才让人有真才实学，而文科没有什么是非对错的标准可言，都不过是各种“说法”（话语）而已。在这种怀疑中，我们谈人文主义和人文教育具有高于实用性的价值，就似乎有点虚无缥缈，难以令人信服。

严飞：最关键的，是要理解人的价值究竟是什么。

刘擎：所以，人文学者就需要不断为人文学科做出辩护。从我开始写《西方思想年度评述》就发现，这个问题会周期性地反复出现。美国有一本杂志叫*Chronology of Higher Education*，我把它译成《高教纪事》，2004年有一次专题讨论，2007年有一次辩论，2014年又有一次关于到底要不要读常春藤名校的人文学科的争议，对这个主题的讨论似乎永无止境。

我相信，大部分人都不会同意教育只要实用就够了，都会赞同我们需要一些精神的、道德的、价值的和情感的教育主题，这在原则上没问题。但是更复杂的争议在于这些人文性的教育应该怎么开展，然后能达成什么样的成果。在人文教育或者称“通识教育”或“博雅教育”的实践中，也存在不同的流派、不同的观点和方法，彼此之间也有很多分歧。在你看来，什么样的人文教育是比较理想的？其中重要的议题是什么？

公共关怀与多元开放的意识需要教育来培育

严飞：在我看来，人性的悲悯才是这个社会的底色，这点是我在人文主义教育中体验非常深刻的核心内容。我自己是社会学背景，社会学有一位大师叫C. 赖特 · 米尔斯（C. Wright Mills），他在1959年的时候写了一本书《社会学的想象力》（*The Sociological Imagination*），这本书是社会学的经典著作，在我们本科生的社会学概论课上是学生们的必读书目。米尔斯在这本书里明确地提出：“我不相信社会科学能拯救世界……我所具有的知识使我对人类的机遇有非常悲观的估计。但即使这是我们现在所处的境地，我们还是必须问，如果凭借智识确能发现摆脱我们时代危机的出路，那么不正轮到社会科学家来阐述这个出路吗？我们所代表的——尽管并不总是很明显——是对人和人类处境的自觉。”

社会学一个核心的命题，就是对人性与社会秩序进行研究。对于人性与社会秩序的追问，一直都是社会学家试图认识我们这个世界，理解我们这个世界的核心使命。那么到底是人性在先，还是社会秩序在先？是人性构成了社会秩序的基础，还是社会秩序不断塑造着人性？

要回答这样的问题并不容易。诚然，不同流派的社会学家，会根据研究对象的不同，在阐释人性和社会秩序及相关问题时做出一个优先选择。但在我们的教学和学习过程中，我们会不断引导学生讨论在当前时代，如何更好地关注每一个个体的生命故事。即使学生将来希望进入职业化的道路，寻找更高薪的工作，这都没关系，我们同时也希望他们能在学习过程中将视角更加下沉、更加带有批判性，关注到社会中每一个人，特别是那些底层弱势群体的生命历程，记录在时代的裂缝下个体的呐喊。这将帮助学生更好地理解他们所学的社会学如何与这个世界互动，如何理解这个世界；能够让他们有公共意识和自由追求，培养敢于批判质疑的精神，学会如何去爱，关注和同情社会上的弱者，努力不被主流价值形态所裹挟、压制，活出有意义的人生。

刘擎：关注和同情社会的弱势群体，这也是今天美国大学人文教育中的一个焦点。最底层的故事，有时会发生在最精英的高等学府。昨天晚上我在哈佛最大的桑德斯剧场（Sanders Theatre）听了一个讲座，座无虚席。主讲人是越南裔美国小说家阮清越（Viet Thanh Nguyen）。1975年，他在4岁的时候，作为越南战争的难民随父母移居美国。他的人生似乎是“寒门出贵子”的故事：孩提时代家境贫寒，生活相当艰苦，但一路读书，最后在名校加州大学伯克利分校获得文学博士，目前他是南加州大学英语系的教授。他的第一部小说《同情者》获得了普利策小说奖等许多文学奖项，2017年还获得了“麦克阿瑟天才奖”。

阮清越说的英语是那种既通俗又典雅的口语，比大多数美国教授都更有语言魅力。他分享亲历的故事，带着情感的思考，熟练地引经据典，然后提出自己明确的观点，同时又包含着自省的犹豫。整个演讲，包括问答环节，都让人很受启发，格外享受。阮清越的言谈举止完全符合今天美国的文化精英的样子，优雅而谦逊。昨晚的整个场景是一个“high-cultural event”（高雅文化活动），这算得上人文教育的活动，主讲人本身也是美国人文教育的杰作。我在现场有许多的感动时刻，但同时，怎么说呢，又让我有一种“迷幻”的感觉——那种“it's too good to be true”的不真实感。

这种“不真实感”，不是说我从中发现了什么“做作”或“虚伪”，而是来自一种相当高明的人文主义文化的生产方式。这种方式的高明之处在于，面对“他者”的时候，它不是坚持老旧的西方中心主义，而是将“吸纳”与“规训”的双重操作整合起来。一个越南裔的移民作家，从他者的视角和体验来书写那些被排斥、被歧视的他者，这种批判性被吸纳到西方文化的中心，但暗含着一个条件，他必须写成这么好的英语作品，他的写作要达到精英学术评价的标准，才能进入这样的殿堂来演讲。开放与收编的结合，这可能是一个秘诀，来建立当代的美国人文主义文化的hegemony（优势，这个词在这里译作“霸权”是不恰当的）。人文主义传统，如果没有对他者的开放会是僵死的，但没有规训的开放可能就会导致它的自我瓦解。

这给我什么启发呢？西方的人文主义兴起于中世纪之后的宗教式微，而到了今天，社会越来越多元化的时候，想要给公众提供一个价值的基础或指南，必须具有开放和自我批判的维度，但某些传统学术的智性标准仍然需要维护。我在想，如果中国在今天要复兴自己的人文主义精神，可能也需要有开放和保守的两面性吧。但具体该怎么做就非常困难，因此，人文教育总会有一种内在的紧张吧。

严飞：真是太遗憾了，我没有拿到票，错过了阮清越的演讲。接着刘老师的讨论，我会想到两本书，来呼应刘老师刚才提到的人文教育内在的紧张感——那种人文教育的智性传统与现实价值体系冲突的紧张。一本书是卡夫卡的长篇小说《城堡》，故事的主人公叫K，K是一个土地测量员。有趣的是，在这个城堡及其所在的小村庄里并不需要进行土地测量，他所生活的世界也不愿让人就它的度量提出异议。结果就是，当生活在一个用不着度量的世界上时，他这个土地测量员的身份就得不到任何人的承认。

另一本书是英国女作家佩内洛普·菲茨杰拉德（Penelope Fitzgerald）的小说《书店》（*The Bookstore*），菲茨杰拉德通过描述一位寡居老妇人弗洛伦斯如何在一个不足千人的小镇上开书店的故事，来揭示出主人公“我就是想开一家书店”和“可是，那个小镇并不需要一家书店”的冲突与矛盾。在小说里，书店的存在与否，对于小镇上的居民来说甚至没有街边一只小狗的命运更受关注。而当主人公决定在书店里引进《洛丽塔》一书时，遭受到的却是小镇居民的不理解，甚至嘲讽。

“要是《洛丽塔》是一本好书，我就要在我的店里卖它。”老太太如是想。一个人对书店最质朴的热爱，在另一些人看来，却只是一件荒谬而可笑的事情。

刘擎：是啊，有人会质疑读《洛丽塔》这种小说对我们有什么意义，是让读者能去共情那个“变态的”道德败坏的主角？或者是帮助我们理解人性的幽暗与复杂性？这类经典作品对我们的品德和价值的塑造究竟意味着什么？开放性与道德确定性之间的张力在有关人文教育的讨论中会反复出现，质疑和争论在自由开放和多元文化的环境中也是不可避免的。

严飞：我们今天讨论的人文主义虽然看不见、摸不着，但我们可以逐渐感受到它的存在。我们目前已经在哈佛大学待了三个月。这三个月里，我感受到的最明显的变化是生活节奏的转变。在北京的大学校园里，无论是学习还是研究，我都处于一种快节奏中。来到这里后，我逐渐适应了一种更慢的生活节奏。我有一次和波士顿当地的朋友聊天，说我现在可以很明显地感受到生活节奏从快到慢的转变。我朋友马上说我现在已经感受不到什么是快、什么是慢，在他的生活世界里面他一直是慢节奏的。

哈佛每周都有众多不同的学术讲座，有时甚至会出现时间冲突。比如我前面提到的，拉德克利夫学院每周二、周三都有午餐研讨会，涵盖了从技术到人文、从生物到艺术的跨学科交流。我们昨天有一场研讨会，讨论的主题是16世纪中叶，荷兰的航海家来到东南亚小岛，在开拓殖民领地的过程中如何与当地人产生征服与被征服的互动。研究者是艺术史的学科背景，她向我们展示了很多16世纪的绘画作品，通过这些画作里不同人物的穿着、站位、表情来进行分析。而上周的讨论则是关于肯尼亚18岁怀孕女性的生命遭遇。此外，环境正义和撒哈拉沙漠上的聋哑妇女权利问题也是我们这两周讨论的话题。虽然这些主题看似“无用”，但实际上却能引发深度的思考，不管是研究计算机、数学、政治学还是社会学的学者，大家都非常积极地提了很多问题，甚至每次研讨会结束后，大家都意犹未尽，还在一起讨论。

刘擎：你自己的感受怎么样？

严飞：我觉得非常好玩，也会有很多的收获——哦，原来这个问题还可以从这样的角度进行思考，这是我以前完全想不到的。比如当我们研究中国社会的流动与不平等的时候，不会回到16世纪去看历史上的殖民与族群不平等，也不会去想到远在肯尼亚的性别不平等。我们以为自己的研究很重要，研究中国就会对世界产生很大的贡献，然后就觉得自己很了不起，看不上别人的研究了。不是这样的，如果放在一个世界的范围里看，我们的研究仅仅是大海里的一朵浪花，这朵浪花需要和其他的浪花在一起翻滚、相互碰撞，才有它的意义。

刘擎：读到这里，有的读者可能会感到，你们过得好奢侈啊，这是文化精英的享受。对于普罗大众，这些教育除了让人“觉得好玩”，还有什么用呢？

实用性是重要的。任何人的生活一定会对物质生存有基本的要求，在今天的社会，大家都需要某种实用的专业技能来获得自己的生活条件，这是毫无疑问的。实用性还需要反复被强调吗？在今天这个社会，资本的力量和消费主义的力量那么强大，特别能激发人们本能的、作为动物生活的那些欲望，并为这些欲望赋予文化符号的意义。因此对实用性的关注，不需要我们来鼓励，自然就会发生，而且整个社会都已经淹没在实用性的洪流中了。

这时候要问的是另一个问题：既然实用性那么有用，大家都是在按照实用的、所谓“现实主义”的思路来面对生活，去确立目标，去努力奋斗，那么为什么有那么多人，特别是年轻人，会出现迷茫、困惑和焦虑的情绪，为什么有如此普遍的意义匮乏感？其实，我们似乎忽视了一个显而易见的事实：**人同时是生物的和精神的存在，人的精神性是人这种存在的基本现**

实。因此，无视人的精神维度的所有学说都没有面对人的基本事实。在这个意义上，那种单纯物质主义的所谓现实主义，恰恰误解了现实。这种现象，我称为“**现实主义的非现实性**”。

物质生活和精神生活总是相互交织的。现在的社会中，我们很容易被淹没在实用性的现实主义的洪流里，越来越疏远自己作为精神和情感的存在。**人文主义就是努力维护人作为精神存在的力量，如果这种力量不在大学存活，不通过教育来传承，我们就会变成越来越简化的、在精神意义上低等的动物。**

但对我个人来说，有一个问题现在还没有解决，就是人文科学和社会科学的客观性问题。就学科而言，自然科学里面也存在争议，但相对收敛，因为自然科学的共同体有相对明确和严谨的知识判准。到了社会科学，包括政治学和社会学，这个判准就模糊复杂些，也更加多元化。再到人文学科，包括历史、文学和哲学，这个标准就更加松动和复杂。当代的通识教育有很强的人文性，它倡导独立思考和批判性思维，鼓励你开放、质疑和挑战权威。**开放性成就了人类作为精神存在的成长，但同时也在一定程度上颠覆了精神生活所依赖的某种价值确定性。开放性与确定性之间构成了一种紧张，这对个人生活与公共生活都是一个相当严峻的挑战**。

在哈佛大学通识教育发展史中一直存在辩论：哪些课程是通

识教育的核心？有些人主张，以研读西方经典为主导的课程才能成为通识必修课，可以有所扩展和延伸，但不宜过多，但另一些人呼吁通识教育的内容应该反映文化的多样性，至少让学生有更多的选项，而不是费力关注那些“死白男”所谓经典著作（“Old Dead White Men Books”）。比如许多大学对“批判性种族研究”都有争论。中国的通识教育也有核心主题的争论，但和西方有所不同，似乎“中西之争”多一些。西方第一流的大学，学生经受了深厚的人文教育，他们在道德和价值取向上呈现出复杂多样的状态，所以面对重大公共问题会发生冲突。那么在今天，人文教育的使命究竟是什么？学校是要让学生批判性地学习和继承一套相对稳定的价值传统，还是说将传统隐藏的那些西方中心主义、男权主义、阶级压迫和文化帝国主义的毒素全部清除，展开内部的结构性颠覆？今天一些后结构主义和后现代主义的作品已经进入到必读的经典书目中，视野极大地拓展了，开放和包容促进了价值多样的正当化，会让人感到自由解放，也会让人难以判断、无从选择，造成某种价值上的迷茫和晕眩感。这是一个困难的问题。价值多元在一般意义上是可欲的，理想的状况是多元互补、借鉴和共存。但价值多元也会导致多元之间的紧张和冲突，以至于社会分裂极化，无法维持社会秩序所需要的基本共识。

严飞：刘老师说得很对，倡导价值多元必然导致多元价值的冲突。我们确实可以看到，当今的大学越来越开放、包容和多样化，这意味着学校提供了丰富多样的课程供学生自由选择。每学期开学的时候，学生们都有一段class shopping（买课）的时间，可以不断地跑各个教室，自由地选课、退课。然而，我们也观察到一些非常重要的核心课程常常被忽视，例如写作课。很多大学新生不知道如何进行有效写作，无论他们来自理工科还是人文社科背景。我始终认为，写作让人自由。写作是一种重要的表达方式，它要求学生在动笔之前进行广泛的阅读，不仅限于自己专业的书籍，而是需要有广博的通识阅读。

在我们的社会学通识课中，我们会要求学生撰写一份社会学个人自传。在写个人自传的过程中，学生就需要不断地与自己的家庭成员，比如父母和长辈交流，探讨自己为什么会成长为今天的自己？是更多受到社会结构性力量的影响，还是更多得益于个人的努力？在这一写作过程中，学生会不断进行反身性的自我思考，我们可以从他们的作品中看到每一个人的独特性，这是一种非常有趣的人文主义教育尝试。

刘擎：这些探索和尝试是生动的。我可能过于关注开放性带来的风险与过度确定性造成的保守和教条，当然，这个问题没办法用一个公式或者政策来解决。也就是说，**作为人展开自己的精神生活，你必须以自己的方式来面对这种挑战。**即便在前现代社会，在宗教享有广泛的神圣权威的时代，宗教内部的派别分歧也会导致宗教冲突和宗教战争。也就是说，一个人无法期待通过人文教育获得精神生活的确定性，你必须与这种内部的紧张共存。你当然可以选择确定性，觉得“算了，太麻烦了，想活得简单轻松一点”。**但如果你另作选择，愿意走向人文主义、人文教育或通识教育的精神旷野，这是对自己的精神生活方式做出了一种抉择。**可以这样说，这很可能是一种冒险，你会遇到极端开放的危险、过度反思的歧途，面对相对主义的迷茫或者虚无主义的深渊……当然，你有可能在确定性和开放性之间找到一个自己的锚点、一个港湾或者是一块礁石，成为你暂时依靠的确定性，但这礁石不会坚若磐石永远牢不可破，它可能改变，也可以不断地被再塑造。在今天的世界，批判性思考可以挑战既有的权威，形成新的问题，但未必能带给你确定的答案。**对我个人来说，我宁可经历人文主义带给我的复杂、混乱、风险和挑战，我也不愿意回避这些困难，获得一个低级的安全感。**为什么是低级的呢？在我看来，低级就是降低了人的精神维度，使人变得更像动物。

严飞：我们需要直面当前的困境，不让自己变得那么像动物，只看到物质的维度。在全球范围内，大学普遍面临一些深层次的危机，包括逐渐变得职业化、专业化和产业化。然而，正如赖特·米尔斯在《社会学的想象力》中所强调的，我们在人文主义教育的推动下，成为理性的人、自由的人、公共的人、道德的人，因为只有“所有人都成为具有实质理性的人，他们的独立理性将对他们置身的社会、对历史和他们自身的命运产生结构性的影响”。

人文教育帮助我们理解世界的复杂性，理解三年前的世界和今天的世界之间的差异性，而不是被这样的差异性所裹挟，为此焦虑和抱怨。如果要抱怨的话，今天这个世界实在有太多可以抱怨的了，但如果试图理解其中的复杂性，回溯历史并理解历史对我们今天的影响，便会愿意往前看，从自身经验出发，从经验中得到真实，重新体验这个世界。**如果说工具理性为我们的生存提供了基础框架，那么价值理性则能引领我们获取永恒的价值。**再没有哪个知识领域像人文教育这样深入探讨“价值”如何确立的问题了。终其理由，是因为其研究对象就是我们自身，它鼓励我们反思那些被我们视为理所当然的事情。采取批判和反思的态度，即使对那些被大众视为天经地义的东西，也要保持一种距离感和怀疑精神。

刘擎：我们把问题、困难、复杂性挑明了以后，**我仍然坚持人文主义，相信人文教育对我们具有丰富的内在价值，相信它在更宽泛意义上的功用意义。**无论这个世界多么复杂，我们作为人类仍然需要理性的指引，在重要的问题上，对自己相信的观点需要提出理由和论证。所谓理由是可质疑、可反驳和论辩的，否则理由就不再是理由，而只是一个宣称（claim），一个武断的判定。以理由为依据的生活，尤其是公共生活，是非常麻烦的，需要来来回回地反复商谈和争论。有时候我被你的批评说服了，改变了自己的看法；有时在批评和反思中，我发展了自己的思考，我的理由变得更充分、更扎实了，或者更新了我的观点；有时我们仍然存在分歧，一直相持不下……**这是非常麻烦的，但这是人作为人的生活，更加确切地说，这是平等的人们共同生活应该有的样子，这是生命动人的过程。这也是在民主时代对公民的要求。在这个意义上，人文教育同时是一种公民教育。**

严飞：我想从一个更加具象化的场景出发，就是作为一名父亲，我如何为我的孩子提供更好的教育。比如，我需要告诉他，我们每个人的生活都会遇到成百上千个变量，其中好多变量来自非常遥远的地方，面对多变量、信息繁杂的现代社会，你要学会分门别类，建立起系统化的思考框架，形成一套良好的思维方式，减少信息的“陌生感”，这就需要培养你的独立思考能力。

在我看来，人文主义教育会让我们有第二次和第三次的成长。这种教育的价值不在于讨论其有用性，而在于其无形的影响，润物细无声般贯穿人生的始终，让我们不至于迷失在浮华纷乱的世间，让我们在关键时刻做出正确的选择。更重要的是，它让我们找到个人的信念并坚定守护，让我们的生命获得更持久的丰富性和饱满性。

刘擎：严老师说得好，从孩子的角度出发，我们应该想，我们要把一个怎样的世界留给未来？如果那是一个没有人文精神的世界，是一个彻底技术化、完全实用性的世界，这会是我们留给未来而无愧于后人的世界吗？

人文教育有复杂性、批判性的思考以及理性的交流和沟通，这些无法担保我们能达成共识，获得道德判断和价值依据的确定性。但是，人文教育更有可能让我们保持积极的对话，也有可能让我们形成相对的确定性，更有助于我们与不确定性和分歧共存。如果因其复杂性和风险就忽视甚至放弃人文教育，那么代价可能是巨大的，我们主动贬低了自己作为精神存在的价值，因此不再是充分意义上的人类。

我们的对话可能太严肃了。这里我讲一个听来的玩笑作为结尾。我听移民在这里的华人说，为什么中国人"富不过三代"？他们终于找到了原因。第一代到美国的留学生，都是学计算机工程、电子工程、会计等实用专业，在这里安家立业，成为中产阶级，然后他们的孩子，就是第二代移民，有更多人去读法学院、医学院和商学院，后来成为律师、医生和企业管理者，进入了美国社会的中上层和上层，那么他们的孩子，就是第三代移民学什么呢？有好多现在的孩子，就是学人文类和艺术类（fine arts），哲学、历史、文学、电影、音乐、美术、建筑以及设计等等，大部分都找不到高薪的工作，然后就家道中落了。所以富不过三代。

这当然是一个玩笑，但也反映了一定的趋势。就是那些在优渥环境中长大的孩子，他们对金钱不太敏感，更容易接受所谓“后物质主义的价值”，重视人文精神的意义。这或许也是未来世界的一个小趋势吧。

3

向世界
打开自己

即便处在困境甚至绝境之中，即便在前景不明、方向未定的时候，最能赋予你强健生命力的方式，就是选择去做那些在所有年代、在所有历史条件下都值得做的事情。

重读茨威格《昨日的世界》

刘擎：这次对话的主题是严飞老师提议的，他说我们来谈一谈茨威格的作品《昨日的世界》（*The World of Yesterday*）。这本书可能很多朋友都读过，我年轻时候也读过，这次在严飞老师的提议下重读茨威格，我发现了许多当年阅读时几乎无感，但是现在有强烈冲击的内容。我先问一下严飞老师，你怎么想起要重读这本《昨日的世界》？

严飞：因为这段时间整个生活节奏放慢了下来，放慢下来以后就会觉得有一些年轻时候读过的书可以捡起来重新再读一下。

刘擎：只是想温故一下？

严飞：在2023年底的时候，觉得有必要对过去这一年进行一个完整的回顾。我就用了社会学的田野方法，策划拍摄了一个视频，跟身边的朋友们做访谈，询问他们2023年的经历，心境上会有一些怎样的变化，又会如何去展望明天。在访谈过程中，就发现很多人都说2023年过得不是特别顺心如意。比如不少年轻人跟我说，他们感到比以前更加焦虑、迷茫，不知道未来的道路到底应该怎么走。曾经觉得世界充满着无限机会和可能，考一所自己心仪的学校，读一个自己喜欢的专业，找一份自己满意的工作，最后在城市里可以安稳地定居下来。可是现实的剧本却似乎只有一手烂牌，面对着跌入谷底的青年就业率和年年攀高的考公、考研人数，即便自己多么努力，充其量只是去凑了一下分母。在一个越来越狭小的水泥管道里，看不到出口，也不能选择其他的岔路口。

刘擎：如果怀着有点沉重和不安的心情告别了2023年，那么对已经开始的2024年我们降低预期，会不会过得好一点呢？

严飞：其实未必。

刘擎：这像是一种契约被毁的感受。对于年轻人来说，好像本来存在一个隐形的契约，是自己和父母一代、和社会体制达成的一个默契：我们好好学习，努力奋斗，最后社会交付给我们一个体面的、有前景的生活。但这个契约似乎被破坏了，于是期望落空，有一种被辜负的感觉。

严飞：一个本来憧憬却又跌入失落的翻转，这就促使我们想去做一件事情，那就是向2023年告别，因为这是一个昨日的世界。我们要告别破事，重建自我；告别限制，迎接广阔；告别悬浮，拥抱真实。而告别这一个主题，就有必要重新去捧起茨威格的这本《昨日的世界》，在历史中寻找答案。

这是一次温故，但和当年阅读时的感觉完全不一样，因为所在的环境、所处的心境、所看到的世界的角度都已经不同。

刘擎：年纪和阅历也不一样。那么再读这本书，你感触最深的是什么？

严飞：我觉得这本书对我感触最深的是茨威格他自己的身份，他身份的背景又和他所遭遇的世界的分崩瓦解紧密地挂钩在一起。茨威格的父亲是一位犹太商人，母亲则来自贵族家庭，在他成长的那个时代，欧洲正处于一个前所未有的繁荣时期："我出生和长大成人的那个世纪……那是一个层次分明、泰然自若、秩序井然、从容不迫的世界。机器、汽车、电话、收音机、飞机等还没有把人的生活节奏提高到一个新的速度。岁月和年龄也没有影响到另外一种速度，人们生活得相当舒适安逸。"年轻时的茨威格积极而乐观，对未来的生活充满期待。和当时许多欧洲人一样，他对政治几乎不感兴趣，每天都过着歌舞升平的自在生活，看戏、阅读、写诗、交友，他曾以为这种美好生活会一直持续下去。

然而，第一次世界大战的爆发彻底颠覆了他的认知，也终结了欧洲人所谓的"永远繁荣"的梦想。在《昨日的世界》里，茨威格感慨道："今天，巨大的风暴把世界击得粉碎，我才完全明白，太平世界不过是梦幻中的宫殿。"战争结束后，许多人认为这只是历史的一次偶然，如此巨大的痛苦不会再次发生。茨威格也抱有同样的想法，他开始四处旅行、结交名流。在一定意义上，他坚信着知识分子的共识可以唤醒人类的理性，抑制暴力、战争，塑造一个看得见的未来。

可是没想到，第二次世界大战再度降临，这一次彻底摧毁了茨威格的生活。由于自己的犹太人身份，他被迫流亡，他的书籍在奥地利被禁止出版。在流亡之地，他频繁听到朋友被非法拷打和遭受侮辱的消息，深感无力和恐惧。时局的动荡摧毁了他的家园，使他与过去的一切联系都彻底中断——“我不知道要奔向何方”。

漫长的流亡生涯一点点磨灭了茨威格的信心，最终在他60岁时，在巴西里约热内卢附近的一个小镇上，他与妻子一起选择结束了自己的生命。对他而言，经历了“二战”之后，他自己的语言所通行的世界已经沦亡，而精神上的故乡欧洲也在毁灭之中，自己熟悉的世界已经离自己越来越远去了，以至于他再也没有一个地方可以从头开始重建新的生活了。

作为一个经历了两次世界大战的和平主义者，茨威格的内心充满着压抑与痛楚、无奈与绝望，最终为昨日的世界而死。

刘擎：我重读这本书有许多新的体会，和30多年前相比非常不一样。那时候我是一个有志的文艺青年，阅读的时候特别注重追寻他的内心体验，怎么样从一个热爱诗歌、热爱文学艺术的年轻人，慢慢地崭露头角，然后跟欧洲的大文豪、艺术家、音乐家交往，我特别关注这些情节和他的内心起伏。但这次阅读的焦点在于茨威格与欧洲精神的关系。这本《昨日的世界》，在一定意义上（像不少人评论的那样）是茨威格“写给欧罗巴的一封情书”，其实也是写给自己的确立文化身份的证言。欧洲是一个跨民族和跨国家的概念。他属于最早认同自己是“欧洲人”的那一辈文化人。茨威格是维也纳人，是奥地利人，是一个以德语为母语写作的作家，但他所钟情的文化超出了德语文化圈，交往的作家包括法国的罗曼·罗兰和苏联的高尔基。他访问苏联的时候去参观托尔斯泰的墓地，那段文字写得情真意切，是在缅怀一个同胞前辈。他是让自己的文化认同融入整个的欧洲大传统，可以说，他是在自觉地塑造一种超越一个特定民族国家的欧洲文化认同。

严飞：对。他还去拜访了里尔克、阿尔图罗·托斯卡尼尼等人。他一度觉得和他们深入交谈，可以稳住自己的内心，获得安宁与平静。

刘擎：20世纪初作为共同体的欧洲意识还比较稀薄。现在有了欧盟，茨威格其实在文化上是欧盟的一个先驱者。他的这种渴望汇入一个跨越国家的文化世界的欧洲情怀，源自他的人文主义理想。他是一个致力于克服民族纷争的人道主义者，一个和平主义者，也是一个世界主义者。他在维也纳生长，当时的奥地利在政治上没有什么雄心，也没有那么重要，但具有卓越的文化。所以他非常热衷于精神意义上的成就与荣誉，在这种文化的繁荣中，才能寄托自己的人道主义情怀和欧洲主义的想象。但是最终他幻灭了，如果《昨日的世界》是写给欧罗巴的情书，那也是与恋人诀别的情书，因为心目中最美好的欧洲已经不复存在。

那么，茨威格的“昨日的世界”究竟是什么意思？昨日、今日和明日的意义，是相对而言的。对于茨威格本人来说，他经历过战前的维也纳，19 世纪末的维也纳，在他看来是一个黄金时代。第一次世界大战造成了灾难、痛苦和经济与文化的萧条，这足以令人警醒，照理说不应该再发生战争了，当时有人以为，“一战”是终结所有战争的一次战争。在“一战”结束后不久，茨威格似乎感到他青少年时代的维也纳，那个昨日的世界又回来了，却未曾料到，更大的劫难正在迫近。

但是，在茨威格流亡到巴西写这本书的时候，“昨日”在时间尺度上对他而言可以分成三个不同的阶段：“一战”之前、两次大战之间，以及当时还没有终结的第二次世界大战。所以“昨日的世界”对我们来说，在某种意义上是过去的好时光，而在另外的意义上可能又是一种伤痛或劫难。

我在阅读中会想象，如果茨威格活到“二战”终结以后会怎么样？如果他活到今天会怎么样？在“二战”同盟国胜利之后，他读到《联合国宪章》可能会再次受到鼓舞。他如果活得足够长，他会在“冷战”时代陷入忧思吗？“冷战”结束是不是又会激发起他对人道主义、自由与和平的向往和信心？那么如果他活到今天又会如何？是否又会有点心灰意冷呢？

所以，我阅读的一个感想就是，**“昨日的世界”并不是同一个世界，它是悲喜交替的。**这对我们当下的思考有什么启发？现在我们所处的环境可能不那么令人欢欣鼓舞。国际局势错综复杂，有地区冲突和战争，经济也很难一直保持以前高速发展的趋势，这给年轻人带来了许多困扰。**但是，世界不是从来如此吗？昨日的、今日的世界都是如此。**那么，现在的年轻人应该怎么办呢？我们在阅读茨威格的作品中能获得什么？他回望那个逝去的黄金时代，带着怀旧与忧伤，令人感慨，他流亡异乡的境遇与心境甚至会让人悲伤和绝望，那么除此之外，他的作品中有没有我们可以发掘的鼓舞人心的力量？或者至少，安抚焦虑、舒缓郁闷的力量？

我觉得茨威格的作品中包含着某种有意味的内在张力，有时以模棱两可的态度呈现出来。一方面他惜别那个美好的昨日世界，为它的消逝而伤怀哀叹，有很深的无奈感，让人心生绝望。但另一方面，在他怀旧的伤感情绪中，仍然有非常明显甚至强烈的不甘。他相信19世纪末在维也纳文化繁盛期展现的人文精神，相信这是人类文明的永恒价值，并不会真正死亡，总有一天还会复苏。甚至在写遗言的时候，他哀叹“只是我老了”，60多岁的人难以适应今天的局面，就先走一步了，我自己可能看不到黎明，但那个黎明终将会到来。也就是说，茨威格在一定意义上将自己的绝望归因于自身特定的局限性，而不是普遍的必然性，这就为希望留存了可能的余地。

智识的世界主义

严飞：刚才刘老师提到的一个词我觉得特别重要，茨威格他是一个和平主义者，他同时还是一位世界主义者。我最近特别痴迷一个理念，叫作“智识的世界主义”（intellectual cosmopolitanism）。作为一个术语的“cosmopolitanism”，前半部分“cosmos”就出自希腊语中的“宇宙、世界”；后半部分的“polis”则是“城邦、城市”的意思。连起来，意味着世界城市或世界城邦。古希腊哲学家第欧根尼的宣言“我是一个世界公民”，清晰地表达了他世界主义特征的立场：不愿意局限于一个政治的隶属，而是认识到自己甚至其他人类都同属于一个更大、更广泛的社群。

当我们将世界主义作为一种严肃的思想时，不应该忘记知识分子在其中的可能性。**如果说，世界主义有一种最基本的内在张力——如何对待自我与他者，是强调超越性、支持普遍价值与互相理解，还是关注以本土视角为世界主义提供独特的阐释——那么，协调二者的时候，知识分子就在其中肩负着专业上的能力和道义上的情怀。**

在全球化的浪潮中，物质和思想交流日益频繁、世界市场高度关联、文化的融合与趋同更加普遍、世界的信息系统成为整体……这个宏观的潮流，让我们所面对的社会问题不再是孤立的、个别的，也同样不能孤立地、个别地加以解决。那作为智识的世界主义，我们当然是迎接开放，拥抱世界的连接，体验不同的社会文化，尽管大家来自不同的政治背景、不同的价值体系。但是今天的世界变得越来越封闭，每一个国家和地区都自闭成一个小小的部落格，人和人之间更多的是用一种怀疑主义的立场去看待对方。

刘擎：甚至是敌意的。

严飞：当人们敌意地、狭隘地去看待彼此的时候，那对于智识的世界主义者来说就会遭遇巨大的冲击，这是一种内心的痛苦，因为他们对开放、包容、连接的渴望被击得粉碎。所以茨威格才会感慨到，这一个太平世界无非只是梦幻中的一座宫殿。

刘擎：这让我想起大约30年前，杜维明先生提出过一个叫“文化中国”的概念，起源于思考海外华人的归属感和认同问题。现在海外华人大概已经有8 000万，快接近1亿了。对他们来说自己的认同是什么？海峡两岸的中国人又如何达成共同的归属感？“文化中国”这个概念似乎有一种认同建构的潜力。这有点像你说的智识世界主义，就是世界有这么多样的群体，如何找到共同之处？中国人也是如此，在大陆之外的许多地区，生活着各有特色的中国人。30年前，中国在经济上还不是一个特别强有力的存在，在政治上又有很多纷争，那么“文化中国”这个构想就启发了一种新的建构意义，好像是说我们可以先搁置政治的和意识形态的纷争，让我们转向文化。全世界的中国人，说着同一种语言，都亲和孔子、孟子等儒家先贤，赞赏中国文化的一些道德理念，比如天下观，比如成为君子的理想……这些文化传统和精神是不是能够把中国人整合起来呢？在这个意义上，大家都可能发现甚至确信，我们至少能够归属于同一个“文化中国”。

在今天这个全球化的世界中，同时存在着非常强烈的“部落化”倾向。部落主义者在不同族群之间制造壁垒，主张相互脱钩和隔离，导致彼此冷漠、对立，甚至敌意和对抗。但是，世界各地的人民，至少是文化人和知识分子，在智识的层面上、在文化的层面上能不能形成一个“文化世界”或者“智识世界”？也就是说大家都热爱和平，热爱平等、自由和人道主义，都主张相互对话，接受“美美与共、各美其美”以及“求同存异，和而不同”等类似的理想，这种理想在每个文明传统中都可以找到相应的表达。发展这种智识世界主义，有可能促进不同族群的相互融合，来对抗现实世界中的脱钩和割据的倾向。

茨威格向往的欧洲文化精神，或者我们今天探讨的智识的世界主义，这些理想如果有真实的力量，那就不是只在有利的环境条件下才产生广泛的影响，比如，在“二战”结束后或“冷战”结束后的世界中成为主流思想。理想如果有真正的力量，那恰恰是在严峻的条件下能够成为一种信念来支持我们的努力。无论是欧洲人文主义、“文化中国”，还是“智识的世界主义”，黑暗年代才是更需要发挥它们力量的时候，它们能让我们挺住，让我们坚守，让我们继续致力于值得追求的、有价值的事业。这是这次重读茨威格给我最深的感触。

严飞：非常同意刘老师的说法。**世界主义不仅仅是一种应然的理想信念，或者一种满怀希望的社会设想，而且是一种个体的伦理责任。拥抱世界主义关乎自我的状态，是我们如何在现代社会不辜负自己的荣誉和信念的生活选择。**如果我们说，统治世界的政治家们为了他们自己的利益而把视野局限在民族国家的境内，那么知识分子就是肩负着超越这种局限的使命。

严飞：同时还值得注意的，是身怀智识世界主义的知识分子在这样一个相对来讲越来越封闭、隔阂，甚至是敌视的世界格局之下，他被迫要进行一个选择，这个选择就是你必须选边站，被迫做出一个决定。

刘擎：茨威格一直试图远离政治纷争，他当然有自己的政治立场和见解，但克制地回避对政治问题的公共讨论，心存一种希望，就是文学、艺术和音乐可以让我们超越政治的分歧和冲突，甚至保持和平相处。他说“知识分子应献身于他的作品”。他认为，“艺术家可以创作有政治维度的作品，但不能为群众提供政治口号。我只是创作，不能带有憎恨，也不能用作品去攻击。如果我的沉默是软弱的征兆，恐怕我必须忍受这种耻辱”。但是，到了战争爆发的时候，他无法再保持这种回避的态度了。在“一战”爆发之后，温文尔雅的茨威格感到一种很强的愤怒，他痛恨的是“那些用语言来煽动战争的人”，认为他们是十恶不赦的罪人。他说，我们这些文化人、知识分子，“如果我们自己不去反对这些人，那我们也是有罪的”。

严飞：对，没有办法，只能身陷其中。

刘擎：由此，茨威格发现了自己的一种写作动机，认为这是命运的赋予。他写道，“现在，我才找到了真正的动力：为反对战争而斗争！”。他说“我知道我要反对的敌人”，那敌人是谁呢？就是“那种把他人置于痛苦和死亡而不顾的错误的英雄主义，那种丧失良知的预言家的廉价的乐观主义”。茨威格痛恨这帮人，因为“他们侈谈胜利，实际上是在延长相互厮杀的时间”，而且“在这两种主义背后，他们雇用的合唱队也是我的敌人”。他把这些歌功颂德的人称为“战争的鼓吹手”，并用锐利而精准的言辞表达了对这些人的蔑视：

> 谁要有疑虑，谁就妨碍了他们的爱国主义事业，谁提出警告，他们就嘲笑他是悲观主义者，谁反对战争——反正他们自己不会在战争中受苦——谁就会被打成叛徒。时代变迁，但总有那么一群人，把谨慎小心的人称作胆小鬼，把有人性的人称为懦夫；而当他们轻率地招惹来的灾难降落时，他们自己也束手无策了。

茨威格并不是一个有道德洁癖的知识分子。比如在“二战”爆发之前，他曾写信给墨索里尼，为了援救他同情的一位医生，也是一位社会活动家的夫人。那位医生因政治异见而被判刑。虽然他非常讨厌墨索里尼这个人，但为了帮助一个求助于他的陌生人，他利用自己著名作家的身份和声望写信给墨索里尼，结果起到了一些作用。这是他出于人道关切在审慎的平衡中做出的选择。茨威格期望能保持一个非政治化的立场，一个纯粹人文主义的作家和知识分子，但在战争来临的时候，他根本没有办法逃避。对于希特勒，对于法西斯主义那种极端的邪恶，他不得不做出选择。

严飞：对，甚至没有这样的缝隙让你去逃避。茨威格逃到巴西里约热内卢的一个小镇上，在他看来，这是他的流亡之地，他精神上的流亡之地，他肉体上的流亡之地，但是他似乎还是没有办法逃脱这一个崩坏的昨日世界，所以最后才选择和太太在这个小镇上进行人生的最后告别。

刘擎：他选择自尽还是让很多人不能理解。茨威格自己没有遭遇劫难，他母亲去世的时候，他在流亡之中无法和母亲做临终告别，虽然悲伤，却也相信母亲在84岁离别这个糟糕的处境也是一种解脱。他自己大概在1940年就获得了英国国籍，他成功地逃脱出来，到巴西流亡。

严飞：他有很多身陷欧洲大陆的朋友正在遭受纳粹的折磨。

刘擎：在这个意义上他是幸运的。这让人想起本雅明，他在马赛将手稿交给了阿伦特，后来就和一小群人一起逃亡，但在法国和西班牙边境遇到了麻烦，他觉得熬不住了，用大量吗啡结束了自己的生命，可是他如果再坚持一两天就会出现转机，真是令人惋惜。相比之下茨威格是幸运的，他已经成功逃出来了，而且开始了写作，为什么还会走上绝路呢？

可能对茨威格而言，生命主要是一个精神的存在，而他的精神存在依托于他所归属的欧洲文化世界，这种关联太紧密了。在巴西里约热内卢，他的物质生活可以说是安逸舒适的，但他感到了匮乏，没有办法获得充实饱满的精神状态，这最令人叹息。**所以，知识分子、文人作家，如果生命主要是作为一个精神的存在，那就很难忍受文化意义上的彻底孤独，或者说很难在一个黑暗时代，自己在一个文化孤岛上“独善其身”地生活。**

严飞：他身体上可以做到，但是精神上完全没有办法做到。

刘擎：特别是茨威格这样一个人，他的生命跟那个欧洲文化世界如此密切地息息相关，但那个世界对他而言已经逝去了。

严飞：所以这更促使我去反思，对于智识的世界主义者来讲，是不是要有一个根，有一个心安之所，可以安静地思考、读书，可以正常地和来自不同价值体系的人平等地、相互尊重地交流。当现实没有给你一个这样的安身之所，并且迫使你必须要选边，但是你又不想选边的时候，你就会处在一种离散和漂泊的状态里，不断地在A和B之间左右地摇摆。

不知道刘老师1990年代去海外留学，经历了怎样的故事，我其实特别想听刘老师对于当年求学经历的分享。我们这一代学人，出生于1980年前后，成长于改革开放的中国，伴随着中国的富强与开放，我们也开始积极与世界拥抱，对外面的世界所抱有的强烈好奇心，让我们在本科或者研究生毕业后，负笈海外，经历欧风美雨的洗礼。我们这一代和本科甚或是高中阶段就来北美求学的学子相比，也许语言的表达不如他们好，但我们对中国文化传统和在地田野经验的体认却更加切入肌肤。我们一心想将社会科学的研究拉回到学科本身的内在规律性上，不断反思如何将中国的本土经验融入西方的知识谱系，相互借鉴与共进，从而建立起一种学科范式的普遍性共识，并做出一些智识上的变革，将无趣的世界变得有趣。

当我们学成之后，人生步入中年，世界的格局已经悄然发生了改变。从民粹主义到文化战争，世界在加速走向分裂，由那些可以唱歌吟诗的开放时代，慢慢回归封闭和狭隘。无论是回国还是留守，每一个选择都变得异常艰难，让我们每一个人揪心困惑，到底怎么选才是正确的。我们有一些对历史、社会、文化感兴趣的好友，就一起组建了一个探讨社会理论和历史文化的小群，并取名为“Deracinated之定性社会学”——

“deracinated”一词来自法语，是流离失所之意，指的正是我们这群在身份和方法上都有些无家可归之人。不过，尽管是离散、漂泊的状态，我们还是在期盼一个明日的世界，可以继续在智识上进行世界主义的融合与交流。

刘擎：严老师的这段话有几个层次，我没有把握能回应好。作为知识分子、学者或教师，我们的生活有自身的特定性，有自己的关切，比如会特别关注学术议题，偏爱思想交流，这是职业所塑造的。但对于从事其他行业的人，尤其是年轻人来说，现在应该做什么呢？比如，你从事的一个行业前景可能远不如从前那么乐观，该怎么办呢？是不是只能消极地去应对？是不是应该“躺平”？现在许多人会感到所谓“卷也卷不动，躺也躺不平”的困境，那怎么办呢？**我在想，在更大的尺度上，人类的境况几乎总是处在悲喜交错的状态之中的。**

昨日的世界更美好？

严飞：另外一点我觉得很重要的，就是我们既不应该活在理所当然的惯性思维中，觉得未来一定都是增速前进的，也不应该过度地去粉饰那个昨日的世界。因为我们常常对历史会有滤镜，觉得过去都很美好，但是再繁华的年代，也有人被时代列车抛在后面。我最近追了电视剧《繁花》，1990年代宝总的上海和黄河路是那样的繁花似锦、激动人心，似乎人人都可以像宝总一样去赚钱，像汪小姐一样在市场经济里闯荡出一番新天地。可是，1990年代的东北那可是“漫长的季节”，重工业凋敝之下，大量的职工下岗找寻不到出路，甚至在上海也有大量的纺织工人下岗。

刘擎：《繁花》热播，我还没来得及看，就听听大家的议论。有一种说法很流行，就是说“50后”和“60后”那一代人，赶上了1990年代“繁花”盛开的好时代，那时候在经济发展突飞猛进的大潮中，只要努力都会成功，运气好的还会暴富。可是，我们有没有想过，这一代人也在改革开放之前度过了自己的青少年时期，当时并不知道1978年会开启一个改革开放的新时期。对于这一代人来说，不仅有电视剧《繁花》中的那个“昨日的世界”，那个社会经济高速发展的时期，还有“前天的世界”（小说《繁花》中有但未被电视剧纳入的时期）。那在“前天的世界”里他们在做什么呢？我突然想“50后”那一代人，比如说陈嘉映老师，他正好比我大10岁。他们在20岁出头的时候，形成了一个阅读和交流的小群体，根本没有指望能上大学。他们当时的精神力量来自哪里呢？我自己在上初中的时候，只知道我的命运是中学毕业之后到某个地方去插队，最大的心愿是插队能到一个气候相对好些的地方，完全没有想到有一天能通过高考上大学。

在1970年代“前天的世界”里，我们根本没有指望过1990年代“昨日的世界”里那种运气，但重要的选择在于如何做才不是虚度年华。我觉得，就是要去做所有年代都值得做的事情。我在后面可能会展开谈谈这个想法。

严飞：所以很多时候，我们是以后见之明去回望历史，把今天所遭遇到的种种痛苦、焦虑、挫败、沮丧的心情投射到昨日，觉得在昨日的世界里面也许这一切的沮丧都可以消失殆尽。这是一种选择性遗忘，只刻意地去记住那些昨日的美好。

刘擎：那么，回到开始提出的问题：这次重读茨威格《昨日的世界》对我最大的启发是什么呢？我想说，**人道主义、和平主义和世界主义，以及人对自由的向往，这些不仅是值得追求的价值，而且是在每个年代里都值得争取的目标。**茨威格相信，无论在什么年代，文化上的探索、人类和平与人道主义都是值得奋斗的目标。“二战”爆发前夕他在英国，从伦敦搬到偏远的小地方去，专注于写作两卷本的巴尔扎克传记（《巴尔扎克传》）。他认为，这就是我本来应该做的事情，哪怕现在英国宣战了，我还是应该做这件事情。

当下的境况有这么多变数，如此不确定，原有的预期可能会落空。前几年考上大学的年轻人，有些能进“985”或“211”这类学校，本来指望会有一个好的工作，这是合理的期待。但当这个前景不那么明朗的时候，好像生活突然失去了方向，失去了意义感。但是让我们想一想，如果本来就没有这样一个可期待的前景，你又应该做什么？当然，顺境转为逆境相较于逆境变成顺境会有相当不同的体验。可是，想想“50后”与“60后”那一代人，在历史条件的约束下，在整个群体没有多少选择的境遇中，仍然有不少人没有虚度年华，他们是怎么做到的？后来我发现，**即便处在困境甚至绝境之中，即便在前景不明、方向未定的时候，最能赋予你强健生命力的方式，就是选择去做那些在所有年代、在所有历史条件下都值得做的事情。**比如锻炼身体；比如阅读、写作和思考，关心公共事务，提高自己的分析判断能力；比如像匠人一样耐心磨炼一种技艺，日臻完善；比如去外地旅行，看大千世界；比如认真与人交往，寻求知己，体会深情厚谊……所有这些活动，不只让自己能够更好地应对困境与剧变，而且这些活动和体验本身就是好的，实现了生命的内在价值。这也正是茨威格终其一生所做的事情。

那么，现在的年轻人应该如何应对前景不明的未来？我相信，就是去做在所有年代都值得做的事情。正像你最近策划的那个节目，在回顾2023年、展望2024年的时候，你问了很多人，好多人的回答实际上暗含着这个观点，即便没有明确说出。我刚才提到陈嘉映老师那一代，还有北岛创办《今天》的年代，他们何曾想到他们的阅读和写作将来会成为一个正经的事业。

所以，大家就去做自己喜欢与值得做的事情就好。**如果你有某种技艺，比如喜欢做家具，它本身就是好的；如果喜欢阅读，它本身就是好的；如果喜欢唱歌、跳舞，你有才艺，愿意做短视频，这本身就是好的。说不定哪一天这些活动会给你带来实际的回报，但是即便没有实际的回报，这本身就有价值，不仅让你快乐，而且会让你获得对自己的肯认，赋予生命的意义感和价值感。**当然，价值感最好是说我把这个事情做了，同时带给我一笔收入。钱很重要，但金钱不是一个非常可靠的意义来源。让你和周围的小伙伴们一起去做自己认为值得做的事情，哪怕一起打游戏，也能够体验到自身的活力、智性和热情，这些就是好的事情。

我再概括一下重读茨威格的感受，就是**在任何处境下，无论是顺境还是逆境，唯一能够拯救我们意义匮乏的方式就是，做那些在所有境遇中、在所有时代都值得做的事情，你坚持做下去，未必能够给你实惠的金钱或物质的回报，但它能在精神意义上鼓舞你，成为一个更丰沛的生命。**

严飞：非常喜欢刘老师这个观点——选择去做那些在所有历史条件下都值得做的事情。我想再稍微补充一些现实的案例，就是应该具体怎么做。特别有意思的一点，我们和很多年轻人进行了访谈，问他们这一年的经历和心态，前面我们提到很多年轻人会觉得2023年好像没有达到自己的预期，但实际上他们也做了很多事情，也都进行了翔实的记录。

刘擎：我也看到了，你策划的这个视频有很多年轻人参加，其实对我有很大的鼓舞。有的人说“我今年就是要减肥20斤”，有的人说“我就是要登山”，还有年轻人高喊“我要去谈恋爱，不管有没有结果，我都要去谈”。这是值得钦佩的强健的生命力。还有人说“让我挣钱吧，我就是要挣钱”，这也很好，下决心想办法去挣钱，不管这个处境多艰难，要打开思路，想办法，穷尽自己的智慧，只要认定一件事情，手上有事情做，总是好的。

严飞：对，我看到还有大量的留言，说“我今年读了30本书”“我今年读了50本书”;“我今年在读一本书的时候，我的亲人正在医院里接受治疗，家庭遭遇到了一些重创”;“我今年开始认真地去自我解剖，开始学习心理学”。我会有一种感觉，今天的年轻一代对自我的关注越来越多，也越来越喜欢通过学习心理学，来了解自己、治愈自己，同时还会疗愈自己和伴侣之间的关系、和原生家庭之间的冲突，而这些都是在昨日的世界里不太会想到要去做的事情。

刘擎：我就觉得，在时代的节奏放慢下来的时候，人生当中很多重要的、以前被急功近利的大浪潮所遮蔽的东西就会浮现出来，让我们去直面、去思考：如果生命已经到了晚年，也不一定特别想追求什么现实的功名利禄，那时候对你来说，什么事情是最有价值的？慢下来的时候，年轻人更有可能去寻找那些对自己生命更有价值的事情去做。就是说，**在一个发展快、机会多的时期，更有利于去追求现实功效的目标；而在慢的时代里，可能应该做更具有内在价值的事情。**这也是每个人需要自己平衡和调整的选择。

我不知道我们今天是否过于高谈阔论了，是不是能带给年轻人一些有用的启发。

严飞：刘老师谈的这一点，让我想起德国哲学家斯文娅·弗拉斯珀勒（Svenja Flaßpöhler）的著作《敏感与自我》（*Sensibel*），这里也向大家推荐一下。这本书里明确提出我们今天的社会是一个高度敏感性的社会，在敏感性社会里面，每个个体无论是心理层面还是道德层面都变得更加敏感，比如对贫富差距的敏感、对性别议题的敏感等。从积极的一面看，这种敏感会推动我们对于底层普通人的关注、对平权运动的关注。

刘擎：就是以前可以接受或漠视的，现在就不能接受了，我们必须要有反应，这是敏感性的一个表现。

严飞：今天的年轻人会接收到来自不同维度的信号，变得更加敏感，更容易陷入焦虑。他们面临的信息爆炸和社会压力是前所未有的。比如，他们会不断地将自己的和父母那一代的生活经历进行对比，思考为什么在生活条件明显改善的情况下，工作机会却变得越来越少？他们也会与那些家庭条件更优越的同龄人相比，质疑为什么有些人一出生就在罗马，但另一些人却拥挤在通往罗马的路上。

这种持续的比较和竞争感，不仅来源于现实生活的直接观察，还被社交媒体所放大。年轻人每天都在滑动手机屏幕，看到的都是别人精心策划的生活片段，这种视觉和心理的冲击使他们对自己的现状感到不满和焦虑。未来怎么办？既然卷不动也躺不平，只能成为45度斜杆青年，在躺平和振作之间反复寻求平衡。

刘擎：刚才严老师说到敏感性，整个现代就是敏感。我们以前可能好多事情都可以忽视和漠视，可以说对于个人权利的敏感性，就是因为人都变得“娇气”了。**文明在某种意义上就是让人能够娇贵，变得更为敏感。**以前我听一个同事说，在他的家乡，好多女婴生下来就被抛弃，旁观者熟视无睹，好像完全是麻木的，但今天再要有类似的事情就觉得骇人听闻，这种敏感性就是一个进步。但敏感性带来两个方面：一个是我们对人类的疾苦，包括对他人和自己的疾苦有更加强烈的反应；但另一方面也会带来脆弱，因为你敏感了，你会脆弱。所以有位日本学者写了本书提倡“钝感力”。但钝感不是麻木，敏感和钝感是可以共存的。其实我们知道，面对生活的各种困境，既需要敏感，也需要在敏感之后有很强的理性来分析和澄清，你能够舍弃什么，什么是你最重要的，才能帮助你做出选择。**选择对自己最重要的价值，这就是忠实于自己最根本的意愿。**

人是通过自己的遭遇和叙事来建构自我的，自己的故事发展和改变，就是自我重构的过程。在平稳的时代，每个人的故事相对稳定，自我重构是缓慢的，也是相对顺畅的。但在最近几年，似乎每个人都急促地重新寻找自我，重新构建自我。这种仓促造成某种茫然的困境。**应对困境的关键，是要澄清自己：什么是我最根本的关切，什么是我最本真的意愿，这不只需要理性的反思，还和自己的感受息息相关。**最终去发现，对你来说最有价值的、值得做的，在所有的处境中值得追求和努力的事情。

严飞：在刘老师的基础上，我还想再补充一点。**我们不仅要重建自我，而且还要重建连接，人和人之间真实的连接。**在数字时代，社交媒体、即时通信软件已经成为我们人际交往的路径依赖，可是人和人之间的社会临场感却消失了。如果今天我和刘老师不是面对面地坐着聊天，他在网络一端，我在网络另一端，我们的交流就不会有火花碰撞的感觉，这就是一种社会临场感的下降。当每个人都变成了“符号”和“头像”，我们就无法即时感知到人和人交往过程中具身的社交线索，遑论去捕捉到那些转瞬即逝的情感流动。

我们当然可以通过网络的技术和远端的亲人、朋友、陌生人进行聊天，这意味着我们有了突破空间束缚的能力，千里之外触“屏”可及。但是，这种穿透空间的相聚所形成的“数字群”并不是内聚的。**基于“符号”的相聚完全没有群体性的思想，无法发展出“群体性”的凝聚力，因此也就无法发展成“我们”，具有强烈团结度、凝聚度的“我们”。**在技术带来的“云端”交往蓬勃的同时，反思“数字群”所指向的“在群中”，又丧失于“群中”的危机，就显得尤为必要。而基于这一反思，回到身体本身，去认识我们周围的小世界，去重拾我们在社区、邻里交往中的社会往来和交谈，也就显得尤为紧迫。

此刻，我们比以往任何时候都更加有必要去重新建立人和人之间真实的连接。而这种连接的建立，最关键的一环，就在于年轻人走出来，不断地创造出很多新鲜有趣的活动，重新去制定一些游戏的规则。

刘擎：是，哪怕在这么困难的条件下，还是有人创造火花的。

严飞：年轻人有着创造火花的力量，很多年轻人也真的很想从自己固有的圈层里走出来，发现自己的社区，发现身边的小世界。

之前我曾前往深圳，花了一段时间，调查一个城中村改造项目。在当地一个大地产商的改造下，这个城中村演变成了泾渭分明的两个世界：一边是依旧保留有传统居住风格的城中村，我们可以说是昨日的世界；另一边是经过现代化装潢的时髦洋气的小楼，很多“网红”在打卡，是一个今日的世界。这两个泾渭分明的世界，用一条小街隔开来。

在昨日的世界里，有一间略显陈旧的小卖部。小卖部的主人是一位上了年纪的阿婆。然后四五米外一条小街之隔的对面，就是富丽堂皇的今日世界，是一栋门禁森严、被密码锁层层封闭起来的青年公寓。通常，我们会觉得住在公寓里的青年人和这位阿婆不会有什么交集。但事实却并非如此。在小卖部门口，阿婆摆了两三把椅子；在青年公寓楼下进门的地方，也有六七把椅子。这些椅子是用来做什么的呢？阿婆告诉我，这些椅子是为大家聊天准备的。住在小卖部对面青年公寓里的年轻人，很多都是在深圳打工的“深漂”。他们之中，很多人在下班以后，把包往公寓里一放，吃完晚饭就下来到楼下，坐在小椅子上。

刘擎：喝茶吗？

严飞：不喝茶，就坐在小椅子上聊天。我去调研的那段时间，正值深圳比较舒服的季节。晚上八九点，很多人可能才吃完晚饭，就坐在椅子上三三两两地闲谈，晚风吹过来特别惬意。这些以前彼此互不相识的年轻人在深圳“深漂”，因为居住空间布局上的一点改变，就连接成了一个新的小小共同体。同时又因为阿婆的小卖部卖啤酒、饮料，这些年轻人就和阿婆聊天，听阿婆讲她1980年代来到深圳，如何见证了小渔村慢慢地发展起来，变成今日的深圳，然后又如何在地产霸权的裹挟之下，城中村被大面积改造，最终她就变成了昨日世界里的一部分的故事。你看，就是很简单的几把小椅子，将两个世界连接在了一起，我觉得这个很有意思。

刘擎：严老师是社会学家，他特别注重在地的经验性的感受。他讲的这个小故事给我一个启发，那就是生活还是有很多大大小小的空间可以被打开。刚才谈及自我的重构，我也讲过很多次，自我是一个关系性的概念。刚才严老师说到面对面交谈的临场感或者现场感，确实无法被线上交往所取代。让我们多想想线下能做什么。可能在你看完这段文字之后，你就走出去跟人家约起来，约饭、约散步或跑步、约一起聊天或放风筝，然后生活中的那些火花就会在人和人之间的交往中产生，在自己的思想中闪烁亮光，可能带给你新的线索，甚至一个新的通道，打开新的世界。

严飞：我们想要抵达明日的世界，那如何去抵达呢？**实际上是你在今日世界的每一个选择，决定了明日世界的路径。**在世界的浮沉中，我们或多或少都在寻找通向自己出口的道路。在这个过程中，尽管有着大大小小的困难，但我们应该努力从更广阔的维度来思考，向世界打开自己，看见多元生发的可能性。当我们认识到我们的认知边界正在不断拓宽，我们的内心将变得更加坚韧，即便明日的世界是如此陌生、让人忐忑，我们也将不再害怕。正如茨威格在《昨日的世界》里写道：

> 今天，我们心神不宁地怀着破碎了的心情，像个盲人在恐怖的深渊中四处摸索，我依然能从中看到曾照耀我童年的星辰，用这种继承下来的信念，认为这种倒退只是“前进”过程中的一个间歇，以此来安慰自己。

刘擎：好，总结起来说，从“昨日的世界”抵达“明日的世界”，就是要对昨日的世界有一个更透彻和复杂的看法。昨日的世界其实不是一个单一的世界，它是非常丰富的，它有升降起伏，有盛衰，也有高峰和低谷。在那些年代里，始终存在一些让人觉得珍贵的、有价值的理想和目标。**当我们认识了昨日的世界，现下要通向明日的世界，首先是要澄清，然后坚持我们认为最有价值的东西，打开自己和生活的空间，开展有意义的人际往来，在相互碰撞和交流中，诞生关于生活的新想象，激发生机勃勃的生命力。**如此这般，在一个哪怕并不是特别友好的环境条件下，你也可以活出生命的光彩。

4

且认他乡作故乡

现代人必须有一种坚韧无畏的勇敢来面对永恒的乡愁，放弃那种幻想——存在一个对你永远敞开怀抱的故乡。

刘擎：因为春节刚过不久，我们这一次想谈谈乡愁的问题。离开故乡在异地工作和生活的人，多多少少会面对这个问题。现在到了美国，遇到许多在美国的华人，有的是来留学和访问，有的是长期居住，有的已经变成华裔美国人。前段时间我去西岸的旧金山和洛杉矶，也和当地华人讨论了所谓乡愁的问题。严飞是社会学家，他既有理论框架又有具体可感的故事。想请教严飞老师，乡愁对你来说意味着什么？你有哪些感受？

严飞：我觉得对我而言，乡愁首先触动的是味蕾的记忆——那是美食带来的一种舌尖上的触动。**味觉不会骗人，它是我们精神世界最直接、最真实的反应，让我们身在异乡，却时常在心里掂量着故乡的分量。**在波士顿的这段时间里，我逐渐发现这里的中餐似乎并不尽如人意。

刘擎：总是达不到你能化解乡愁的那个水准。

严飞：对，卡不到乡愁的感觉。直到有一天我突然发现，在波士顿的中国超市里竟然有盐水鸭卖，就喜不自禁。我是南京人嘛，从小就习惯在路边的小店里斩一只盐水鸭的鸭腿带回家吃。南京人爱吃盐水鸭，所以大家都开玩笑说，没有一只鸭子能活着游出南京。

刘擎：你在超市里买的盐水鸭是南京做的吗？

严飞：不是，是美国本土的鸭子，这里的食品加工厂加入调料，自己腌制而成。虽然味道肯定不如南京本地的地道，但我感觉已经比在北京的南京大排档里吃到的盐水鸭要好吃。

刘擎：也就是说，波士顿的盐水鸭比北京的盐水鸭更接近南京的盐水鸭。

严飞：对，一下子仿佛有回到家乡的感觉。吃的时候会觉得我吃的不是盐水鸭，而是一抹乡愁。这种味觉上的体验会将我们带回那些遥远的、甜蜜或苦涩的回忆中去。除了盐水鸭之外，南京还有一种当地美食——小馄饨，我也特别喜欢，可惜波士顿这里是真的吃不到。

刘擎：南京的小馄饨。

严飞：而且一定要吃柴火小馄饨，用柴火烧制的那种，在小巷深处会燃起炊烟，那种味道和上海的小馄饨还不太一样，有点细微的差别。

刘擎：上海是煤球烧的。

严飞：说到乡愁，我特别想和刘老师分享一个个人的故事，是关于记忆中的一碗小馄饨。

上中学的时候，外婆家离学校很近，下午放学后，我就会骑着自行车去外婆家做作业。留着干练短发的外婆走起路来非常利索，经常带着我在附近的一家馄饨铺里吃一碗小馄饨，还有记忆中炸得金黄、包着萝卜丝馅儿的油墩子。这家小店已经开了30多年，现在每次回家的时候还都要专门去一次，不仅有小馄饨，还有汤包、锅贴、绿豆粥，都是年少时味蕾中的回忆。

来波士顿前，有天晚上临时起意，就喊上了朋友跑过去吃一碗小馄饨当消夜。已经过了午夜的小店里人声鼎沸，要侧着身才能挤进去。半夜置身于这家馄饨铺，看着这么多人在夏夜里穿着拖鞋，排着长队，只为吃一碗水饺、锅贴、绿豆粥，就特别感慨，脑海里马上浮想起当时外婆带我去吃小馄饨的场景，记忆是如此真实。

和外婆吃的最后一顿饭，是在她家楼下的小面店里，记得那天我们各自点了一碗皮肚面，当时外婆的胃口已经变得很小，还打包了吃剩的一半。**我以为只要每次回到南京，便会一直活在这样的日常之中。**

刘擎：外婆已经过世了。

严飞：所以在那个瞬间，就会非常的恍惚，觉得这一抹乡愁已经慢慢地、慢慢地离我远去。我多么希望自己还是那个趁着她午睡，跑去隔壁房间偷偷看动画片，只敢把音量调到最低的小孩。如果被外婆发现，她会半怒地对我说，再调皮，晚上就不带你去吃你最爱的小馄饨了。

街道好像一本日历，记录着我们的过去、今天和未来。当我们回忆这座城市从前的样子，10年、20年、30年，那些生活过的地方都是我们曾经存在的证明。前段时间，我邀请了加州大学圣迭戈分校历史系教授毕克伟（Paul Pickowicz）来哈佛参加研讨会，毕老师已经快要80岁了，他1970年代就来到中国做研究，是研究近现代中国史的著名学者。毕老师出生在波士顿的剑桥，所以这次来哈佛开会，还特地去寻访了自己小时候居住过的公寓。他分享这段经历的时候特别激动，因为当他按照地图找到自己当年居住的地方后，发现当年的公寓还在。于是他就试试看敲一下门，门开了，里面住的是一对老夫妻，毕老师就介绍自己，“你们可能不敢相信，70多年前，我还是个孩子的时候，就生活在这里。我想再回来看一看”。老夫妻也非常激动，没有想到眼前这位头发花白的老者，他的童年就在自己家里，一转眼，已经70多年过去了。

毕老师的这次重访充满了怀旧与奇妙的邂逅，和我们的城市保育密切相关。有的时候我走在剑桥的街道上，看着路边那些有着一百多年历史的老建筑，常常感慨，在呼啸而来的现代化面前，我们的城市更新速度太快了，那些摩登的商场、网红的路标、相似的咖啡店、机械化的点评系统，看起来都高度雷同，几乎让居住在其间的人们忘记了城市本来的样子。人类学家项飙说，身边真实的附近正在消失，消失的不仅仅是空间上的街道和建筑，还有空间背后那些若即若离、或亲或密的人和人之间的连接。如果有一天这些都消失了，或许我会忍不住怀疑，曾经的那些情感是否真实？我们和过去的连接又要到哪里才能寻找？

刘擎：乡愁变得无所寄托。

严飞：当我们再次路过一个地方，如果发现熟悉的店铺、街景再也寻不到踪迹，就意味着一段回忆从脑海中擦除了，和这座城市的归属感就会越来越疏远，甚至可能有一天再回到家乡的时候，也许就彻底物是人非。这种物是人非，正是美国社会学家莎伦·佐金（Sharon Zukin）在《裸城》（*Naked City*）一书中所提出的一种“原真性”的中断：“原真性是一种生活和工作的连续过程，是一种日常体验的逐步累积，一种人们对眼前房子、身边社区每天依然如故的期待。当这种连续性中断，城市就失去了灵魂。”我当然不抗拒城市的日新月异，但还是期待空间建筑能与人融为一体，在保持着日常生活需求的基础上，同时能够创造出人与人之间联系的共同体，保留下一段温情的回忆。

刘擎：和严老师不太一样，我是一个没有特别强的“故乡感”的人。我父母是上海人，他们年轻时去支援青海建设广播电台，我就出生在青海西宁，在西宁长到15岁去上海读大学。童年时期也经常去上海，还在上海读过一段时间的幼儿园。我很小的时候就发现，在旅途往返中使用的词汇有些奇怪：我会说“回西宁”，又会说“回上海”，到1990年代留学的时候，我会说“回中国”，但也会说“回美国”。**这个“回”字究竟是什么意思呢？**后面我们还可以追究这个问题。

1978年去上海读大学，大学一年级暑假，就是1979年的夏天，回到了西宁，那时候我父母准备调回上海工作，我就帮他们一起整理。从那之后再也没有去过西宁，直到去年2023年的夏天，去西宁参加青年电影节的活动，在时隔44年之后再次回到西宁。我还找到了一些当时小学和中学的同学一起聚会，我们上次分别时，大多是十五六七岁的少年，现在都是60多岁的人，真有一种恍如隔世的感觉。我还走访了以前的小学和中学的校园，已经完全认不出来了，可以说是面目全非。大家都说现在更漂亮了、现代化了。是的，校舍的条件肯定比以前好多了，但变得完全无法辨析任何的特点。就像你刚才说的，大城市都差不多，都是高楼，许多大玻璃，都是宽阔的街道。感受也有一点复杂，一方面我会为城市的发展感到欣喜，也知道自己不能为了某种特殊的怀旧情感，而期望故地停留在简陋贫瘠的境况中。但同时又觉得，我们几乎所有的城市和建筑都如此雷同，有一点怅然若失。

严飞：所以在这层意义上，当我们用“回”这个字的时候，其实我想问，这个故乡在什么地方？我们真的是回到了我们的故乡吗？我想起法国哲学家芭芭拉·卡森（Barbara Cassin）写的一本书《乡愁》（*La Nostalgie*），里面有一句话我印象特别深，“我似乎回到了家，但这不是我的家”。

刘擎：对，我想春节回家过年的朋友都会有这种感受吧？你可能在城里过着那种白领阶层比较摩登的生活，在公司大楼上班，有的人叫Susan，有的人叫Alan，可是你回家过年，老家的人还是叫你翠花或二柱子，你可能觉得被人叫翠花、叫二柱子还挺亲切的，但是你过一个月之后，一直这么下去可能就受不了了。故乡热闹、亲切、叫你的小名，人与人的边界不那么清楚，回去探望一下、抚慰乡愁，都挺不错，但要你长期住下，或者回去生活，说不定就很难，至少会很犹豫吧。

严飞：对，换句话说，我会觉得**“乡愁”这个词更多地代表了我们回到家乡的一种动力。但当这种动力真正转化为行动时，我们可**

能需要问自己，我们真的还想回去吗？或者说，当我们回到自己的故乡后，我们真的能按照自己所期望的方式舒适地生活吗？我认为这些都是值得探讨的问题。

因为离开，才会有故乡

刘擎：乡愁是一个永恒的主题，李白的“举头望明月，低头思故乡”之类的思乡情绪在中国的诗词里比比皆是，在国外至少在近代以来的文艺作品中也很多。捷克作曲家德沃夏克《自新大陆》第二乐章的主题就是“思故乡”，非常有名。还有苏联的导演塔可夫斯基有一部著名的电影叫《乡愁》，里面有一个几分钟的长镜头，令人印象至深。乡愁挥之不去，一直是文学艺术的重要主题，这意味着乡愁是一个永恒的心境，这个状态意味着什么呢？我觉得这昭示着现代人的存在境况。

从一个更大的视野来看，人类文明演化的一个基本动力就是奔赴新的天地，冒险地探索未知的领域。但这种探索自由几乎总是带着伤感和落寞。人有多种不同愿望，最深层的渴望也不是单一的而是多样的，多种渴望之间常常存在张力。我在其他场合讲过，人至少有两种深刻的意愿是相互矛盾的，一种是向往自由、探索新的天地，想象具有创造性的、在别处的生活，不断地变化，这好像是喜新厌旧。但实际上，人类是“喜新恋旧”，因为我们也需要故乡的那种亲切和熟悉，那种确定性和归属感，让我们能完全安心的地方，那就是家乡。但是，我们又不甘愿留守在家乡安顿自己，总是想要出走，去探索外面的世界。所以才有了“故乡”。**如果你不离开家乡，就没有所谓故乡，故乡是过去的家乡。有故乡的人就已经离开家乡了。**

但是，外面的世界总是既精彩又无奈，感到无奈的时候，我们就会思故乡，就会心生乡愁，感到所谓的nostalgia。这种情怀古今中外都有，只是到了现代，越来越多的人出走了，不仅在地理的意义上，而且在精神和文化的意义上，告别了故乡。乡愁就成了几乎每个现代人挥之不去的情怀，变成永恒的主题。怎么办呢？**现代人好像是一面喜新、一面恋旧，就是怀着乡愁的同时享受探索的自由。**

严飞：正如刘老师所说，**因为离开，才会有故乡；因为出走，才会有怀旧。**如果没有现代性，没有社会的快速发展，大家也许都还局限在自己出生的地方，没有任何网络连接或向上流动的趋势，那么社会将是静止的、固化的，也就不会有出走的故事存在。换句话说，道别是艰难的，上海彩虹合唱团在《道别是一件难事》里唱道：

和故乡去道别
遥远的地平线
那端是一场冬的雪
和往事说再见
可过去的影子
又怎么能填埋清洁
说是都忘记了吧
其实比谁都要记得
那个场所那个刘海那个雨天
……
故乡哟故乡
爱人哟爱人
既然都忘不掉
不如就装着吧

刘擎：在家乡的时候会不甘心，一种向往自由要出走的渴望会喷发出来。乡愁这个话题会激发我们对自己处境更深入的反思，其中核心的问题就是："家"对于我们意味着什么？至少可以把它分解成两重含义，一个是物理意义上的家，一个是精神意义上的家。家最朴素的意义就是你熟悉、确定、可以信赖和依靠的处所。人在家里会有一种天然的自由，这是感到无拘无束的自在。英语国家的人邀请客人到家里做客时会说"Please feel at home"，就是请你像在自己家一样随意、放松或者自在，这是家的重要意义。在家，意味着你对于环境或物件了如指掌，随手拿起杯子、笔、纸、餐具，坐进沙发或者座椅，都不用思索。在精神意义上也是类似的，你使用你特定的语言，有时候可能是方言，是特别自在的。你特定的言谈用词，近旁的人都听得明白，时而可能会心一笑。所以在家你就特别从容和放松，不管你是外向的E人还是内向的I人，都不会感到紧张，不会顾虑言谈举止是否得体恰当，在家里都是自在的。

可是，如果感到过于自在，你可能会觉得乏味，没有新鲜感，也就毫无挑战性，这不会唤起你的激情。所以人又会渴望自由，向往远方的新天地。奔向外面的陌生世界，多半是既兴奋又不安。就像我们最初到外地上大学，走进新的校园，一方面是激动，一方面是不安，这种激动而不安的感觉和我们“在家”的那种自在松弛的感觉很不一样。所以现代人往往生活在这两种欲望的张力之中。究竟如何是好？这取决于每个人的个体状态，有的人慢慢适应了，能够在不断变化的新颖探索中找到自己，安顿自己，而有的人始终会有不适感，就会有很深的乡愁，不断涌起回归家园的渴望。但麻烦的是，如果你真的回到故乡，可能会发现那个“家”已经发生了巨变，家乡的景观变了，人的观念也变了，甚至面目全非。你会发现“故乡不再是故乡”，不再是那个让你能熟悉自在的故乡。于是就有了无处安放的乡愁。

严飞：当社会流动性充满活力时，人们更愿意走出去探索新机会，选择自主的人生。这种探索不仅仅局限于个人经济层面的追求，更在精神层面拓展了更广阔的视野。最近正值博士论文答辩阶段，我正好读到一位博士生的论文致谢，里面有一句话让我特别感动。这位博士生写道，她的父母从小就鼓励她多出去看世界，当她从家乡的小县城走到北京这样的大城市学习的时候，父母对她说，**你已经接触到了我们从未遇见的人，见到了我们从未见过的世界，所以对于未来的发展，你已经可以自由地选择自己的人生。**但是对这位学生而言，她最幸福的时刻仍然是在家里和父母一起看电视聊天的时刻，仍然是她背着书包回来时妈妈打开家门的时刻。正是因为故乡和父母都在，她会有一个坚实的根基，有一个托举的支撑点，让她可以更大胆地探索未来的新世界。

在这个探索过程中，我们可能会在新地方找到一个新的“家乡”。然而，探索也伴随着挑战、挫折、不如意、沮丧和不适应。作为“北漂”“深漂”“沪漂”的自己，这座城市并不属于我，而故乡对我来说也变得遥不可及。**这种情况下，我们就变成了一种“夹心面包”的状态，融不进的城市、回不去的故乡，既疏离又寻根。**

刘擎：你提到的那位博士生的父母，非常不容易。学生的父母在孩子离开以后，生活会发生很大改变。虽然他们仍然留在家乡，但因为孩子远离了，不在身边，失去了一种曾经熟悉的自如感，一种触手可及的、可依靠的亲近。许多父母是希望孩子大学毕业后能回到家乡工作和生活的。但有些父母我觉得非常了不起，就是鼓励孩子向外探索更广阔的世界，哪怕自己心有不舍，也放手让孩子随心所愿、追寻自己的理想。在这个意义上，虽然父母原地不动留在家乡，但对他们来说，家乡也不同了。

所以总的来说，现代人是比传统社会的人要麻烦一点。虽然现代人的生活更丰富多彩，但是有出走和回归的双重情感在拉扯——一种复杂含混的情感。这让我想起小时候听的那首歌《故乡的云》，是费翔在1987年春晚时唱的。费翔是我们那一代人的偶像，去年在西宁的青年电影节上还遇到了他。《故乡的云》的副歌这样唱着，“归来吧归来哟，浪迹天涯的游子，归来吧归来哟，别再四处漂泊……”。费翔是美籍华人，他的歌感动了无数海外游子，但他自己并没有回到中国生活。我在想，如果“回归故乡”真是一个出路，那么乡愁就不存在了。前几年有所谓“逃离北上广”的说法，不知道真的逃离的人后来怎么样。可能对许多人来说，回归故里并不是一个有效的解决方案，所以乡愁才成为一个永恒的主题。

严飞：确实，这是一个经常被讨论的现象。许多年轻人对春节回家感到害怕，因为一旦他们在饭桌上坐下来，七大姑八大姨就开始催婚催生了。

刘擎：而且家乡的人多半会问你工作怎么样，挣多少钱。

严飞：**我们成了故乡的陌生人，只能把故乡当异乡。**我曾经做过一个关于在城市里务工的边缘群体的研究，就发现大城市里的打工者，他们往往会陷入一种巨大的身份焦虑之中。离开家乡越久，就越有一种“回不去”的惆怅，这种回不去，当然不是地理上的，而更多是精神上的。习惯了城市里的生活方式、人际交往的关系，“故乡”对很多人来说，越来越像一个回家过年的符号，一年一度的仪式感。而在大城市里，他们又始终有着渴望“被看见”的强烈愿望。比如我在田野调查时就遇到过一位小伙子，他从安徽来到北京，在北京已经工作了十多年，对北京的道路非常熟悉。然而，北京对他来说并不是家，他的家在高碑店，朝阳区的一个下辖乡，那里才是让他有归属感的地方。而更广阔的北京，像三里屯这样的购物场所，以及北京的博物馆、艺术活动和体育赛事，都与他无关。他十几年前回安徽老家的时候，尚未有高铁，坐的是慢车，需要花一天的时间在路上。那时候，火车旅途虽然漫长，却挡不住一颗急切回家的心。现在，虽然交通便利了，高铁四个小时就能到家，从首都返乡的时间距离越来越近，但心理距离却越来越远。高铁站修成以后，他的家乡面目全非，他甚至有一次差点找不到回家的路。原来村口的地标——两棵槐树被砍掉后，每条路看起来好像都长得一样，他一时分辨不清，到底哪里才是通向家门的真正入口。

故乡对于我们生命的意义

刘擎：所以“故乡”作为一个隐喻，对于大多数人来说都是一种想象性的建构，我们调用自己的记忆，调用从前的遗迹和旧物来建构自己的故乡，怀着乡愁。现代人的乡愁，不是以前余光中的诗《乡愁》里写的那种样子，船票、邮票、新娘、母亲以及墓地，那些意象都是具体可感的、怀恋的对象以及起点和终点都是清晰的，只要回去，回到那个最初的起点，物理距离带来的乡愁就可以了却。而在现在，乡愁好像是一大堆东西，既有物理上的又有精神上的，是怀恋一种已然失落、无处可寻的对象。如果乡愁是一种心绪、一种精神和情感状态，我们应该怎么来安置或者应对呢？这种情绪对我们生命的意义到底是什么？

严飞：我认为有一点非常重要，这也是我一直坚持的信念：我们需要去看到更广阔的世界。在探索这个广阔世界的过程中，我们其实是在不断地充实我们生命的宽度和深度。具体该如何做呢？我想到了德国作家赫尔曼·黑塞（Hermann Hesse），他在27岁时写下了自己的第一部小说《彼得·卡门青德》（*Peter Camenzind*）。

这部小说在某些版本中也被译为《乡愁》，讲述了一位农夫的儿子卡门青德的故事，这实际上是黑塞自己的心灵自传。他描述了卡门青德从童年、少年到青年的成长和困顿，一生中远离家乡、漂泊他乡、回归故乡的生命历程，这里面既有爱情，也有亲情的纠葛。卡门青德为什么会离开村庄和家乡呢？原因之一是他的母亲去世了，这里的“母亲”也许还寓含了更深的隐喻。母亲去世后，卡门青德决定离开故乡，开始了漫长的流浪、行走。他到过苏黎世、巴塞尔、佛罗伦萨、米兰、巴黎等城市看纷繁世界，他开始文学创作，从文学、哲学、音乐、绘画、雕塑、建筑等书籍寻求理想答案，求索生活与生命本原、自然和自由、精神上帝等心灵深处的“神性”。这有点像我们上次讨论的茨威格的《昨日的世界》，不断周游结交。在这个过程中，他阅读了许多书籍，通过这些书籍来拓宽自己生命的厚度。同时，在阅读和拓展的过程中，他认识到许多地方的生活风气浮华，人们厚颜无耻、追求虚荣，他不愿意随波逐流。

当他年老时，他回到了自己的故乡，坐在祖父和曾祖父曾经坐过的田地里，感受到村庄及其周围山峰，依然如昨。坐在父亲、祖父、曾祖父住过的老屋门前，卡门青德微笑着记起那些“已成往事却又永不消失的生活”，思索多年的流浪生活，“我虽然未能攫住世间的所谓幸福，这次身不由己地回到这山湖夹缝中的老巢，如今想来却只有喜悦。这里，才是真正属于我的土地”。

刘擎：那么在回乡之后，卡门青德安顿了自己吗？

严飞：安顿了，他会重新去反思自己这一路旅程。

刘擎：但是他再归来的时候已经不是一个少年了。

严飞：不再是少年。

刘擎：因为他已经经历了外面的世界，回乡好像是那种叶落归根的安定感，但是有的状况是不一样的，比如说我开头提到的塔可夫斯基的电影《乡愁》，说的是一个苏联作家，去意大利旅行，想要探寻一位已故的俄罗斯音乐家的身世，搜寻他遗留的档案和踪迹，在这个过程中，作家自己感到了一种很深的挥之不去的乡愁。那位音乐家曾长期在意大利流亡，最后还是回到了俄罗斯，但回国之后并没有能安顿自己，最终选择了自杀。

严飞：这里面有一点我很受启发，**我们无论行走多远，都不要忘记自己是从什么地方来的，要回到自己的出发地进行自我的心灵探索**。这方面社会学其实做了很多的工作，比如法国社会学家迪迪埃·埃里蓬（Didier Eribon），他是福柯的学生，写了一本书叫《回归故里》（*Retour à Reims*）。这本书讲述了这样一个“归乡”的故事：父亲去世后，埃里蓬回到法国东北部的小城兰斯，那是他和父母、家人共同生活近20年的地方，也是他曾经因为种种原因迫不及待逃离的故乡。我们中国人常说“近乡情怯”，而埃里蓬的这一趟返乡之旅却让他大胆地从过往的个人成长经历出发，对“自我”进行了一次鞭辟入里的观察和反思。

埃里蓬出生于一个底层工人家庭，他的父亲14岁就作为学徒在工厂里工作，他的外婆在17岁的时候怀孕生下了他的母亲。母亲从小在一个充满混乱关系的家庭中长大，20岁的时候与埃里蓬的父亲草草结婚，很快就有了孩子。当有了孩子之后，这个家庭更加贫困，以至于为了维持生计，母亲不得不每天站在组装流水线前，就好像《摩登世界》里的卓别林一样，不停地把一个又一个盖子盖在广口瓶上，而这一切，仅仅是为了让埃里蓬可以完成学业、进入大学，获得一份社会地位比工人高的职业，比如中学教师，这是他父母对孩子前途所能够拥有的最高阶的期待了。

刘擎：埃里蓬在故乡并没有度过快乐的童年时代，他的返乡是要重新面对，面对他当初可能无法完全理解的社会矛盾和复杂性。

严飞：这种复杂性是家庭、阶级对于一个人社会身份的强大塑造。社会学中有一个概念叫作“社会镜像”，指的是一个人的父母充当其生活的反射镜。通过观察父亲、母亲的人生处境，会意识到自己身处哪个阶级和这个阶级的人的行为方式，因此仿佛能看到我们是谁、我们将要成为什么样的人。当父亲醉酒后在房间里挨个砸掉酒瓶、油瓶和奶瓶，自己和哥哥躲在母亲身边哭泣时；当他和哥哥放假时被母亲带到雇主家里，不得不目睹女主人指挥母亲做这做那和责备羞辱时，在父母亲这面镜子前，埃里蓬清楚地意识到，出身印刻在自己的精神之中，同时又深深抗拒着这种社会身份认同。也因此在20岁时，埃里蓬选择离开故乡，定居巴黎，以寻求一段不同的生活路径。

刘擎：他要打破这个镜像。

严飞：**打破镜像，完成自我的重塑。**埃里蓬来到巴黎学习社会学，参加教师资格会考，通过自己的努力最终成了一名优秀的社会学家。有一天他收到一封信，告诉他父亲去世了，需要他回去参加父亲的葬礼。他和朋友说自己不会参加父亲的葬礼，但会回兰斯探望母亲，朋友平静地和他说，你应该回去，为什么不回去呢？这时候你一定要在场，因为"公证人打开遗嘱的时候你无论如何应该在场"。埃里蓬这个时候才意识到，社会的区隔无处不在，在他们的家乡怎么会有公证？父亲离世后怎么会留下遗嘱？这些都是城市的中产阶层或者社会精英才会拥有的特权。对埃里蓬父母的家庭而言，"公证人"和"遗嘱"并不存在，连遗产也只是勉强存下的几千法郎。

埃里蓬最终还是回到了故乡。父亲的去世，为他提供了回顾过往、重新思考自己对父亲的负面情绪的机会，也把他带回到孤独的母亲身边，在离家多年以后倾听母亲讲述自己的经历和其他亲人的情况，重新和“原生家庭”建立起情感上的联结，在这个过程中，他也深刻讨论了家庭、阶级对于一个人社会身份的结构性塑造。出生于底层，是不是就很难改变命运，也注定无法拥有更多的选择？影响阶层流动的因素除了贫富差异之外，还有什么？

当一个人实现了阶层上升后开始回望并回忆自己的故乡时，当然可以称赞远离都市尘嚣的星空，但也难免体会到鲁迅在《故乡》中描述的隔膜与希望。这种隔膜来自社会阶层和社会环境对个体的塑造，而希望之处，埃里蓬经历了疏离家人—逃离故乡—返回故乡—再重新找回自我的过程，因此可以更好地做到将个人的经历与痛苦融入时代、社会中来反思，就好像书中说的，“**重要的不是我们将自己变成了什么，而是我们在改变自己时做了什么**”。

刘擎：所以在这个意义上，回归并不是说重返父辈的生活方式。这种回归并不是带着因为远离而美化家乡的情结。**人们常常在离开以后，选择性地保留和加工自己对故地或故人的美好记忆。但实际上，如果故乡如此美好，就不会真正离开。**当初离开家乡很可能是因为不满，对于贫穷、不公、偏狭或者其他问题的不满，于是不满足或者不甘愿接受故乡的生活。你讲的社会学家埃里蓬，他并不想延续父辈的那种生活。但是他的所谓回归，不是重返而是回应自己在童年时代的不满和忧伤，由此滋生出一种批判性的思考；他的回归是要完成一个批判性的学术事业，在实现这种抱负的过程中，他可能与自己的童年以及故乡和解了，这在某种意义上也可以说是回归。

严飞：回归后会进行诸多反身性的思考。在这方面，乡愁不仅是一个意象，它还有许多载体，比如语言和味蕾带来的记忆的传递。同时乡愁也可能转化为一种反身性的行动，这种行动指的是我们不断地进行反思，探讨一些最根本的哲学问题，如“我从哪里来?”“我是谁?”这样的深刻思考。

刘擎：回答“我从哪里来?”和“我是谁?”的问题，离不开“我想要成为谁?”的维度。在这里，“乡愁”与“回归”可能有多种不同的含义。比如黑塞的另一本小说《悉达多》就是如此。主人公悉达多是婆罗门家族的一位长子，从小享受非常优越的生活，他为什么要离家出走？他的不满并不是像其他许多人那样在于贫困饥苦，而是自己奢华安逸的生活无法满足他精神上的追求，他感到自己单凭沉思冥想的方式无法抵达真正高尚的精神境界，所以要出家去做沙门，过苦行僧的生活去求道。最后他的回归是成为得道者，成就了圆满的自己。

所以我们可以说，“乡愁”最深刻的含义是一种“无根的漂泊感”，在根本上是精神意义上无处安顿自己的困惑，塔可夫斯基的电影也是在这个层面来探讨乡愁的。因此，简单地在地理意义上回到故乡，或者把过去的书信、日记和遗迹都找出来重构自己失落的童年，并不一定就能找到生命意义的根基，从而在精神和情感上安顿自己。

那么在我看来，如果要应对乡愁中的那种消极、沮丧和迷茫的情绪，我们首先要打破一个迷思（myth），那就是存在一种永恒家园的意象，通过返回（物理意义的）家乡获得温暖的、自在的、可完全信任的依赖，一种真正的归属感。这种想法可能是一个神话，或者说这个想法在前现代的传统社会中曾经可以实现，但它永远逝去了。**现代人必须有一种坚韧无畏的勇敢来面对永恒的乡愁，放弃那种幻想——存在一个对你永远敞开怀抱的故乡。我们要寻求的那个真正能安顿自己精神的“故乡”并不是现成的“在某处”，而是一个有待自己去造就的“精神家园”。**

当然，这种重建精神家园的努力，可能是终其一生的探索。在这个过程中，我们的故乡可以成为一种精神资源。童年和青少年时代的故乡体验和经历赋予我们最初的伦理和情感感知，让我们开始学习分辨好坏、对错与是非，思考社会的平等与正义问题，以及形成对美好生活的向往。这些或许天真幼稚的纯朴感知，在后来的成长经验中通过批判性思考提炼出来，成为自己的自觉意识，成为探索新世界、开创新生活理想的动力。如果我们能够不断接近这种理想，那么就在实现理想的历程中找到了自己生命的根基。**如果我们得以安顿生命，那么生命之根未必需要植入自己地理意义上的故乡，而是可以在任何地方。**

严飞：这样的寻找实际上帮助我们更清楚地认识自己的来路。只有当我们清晰地了解自己的过去，我们才可以在未来的人生之旅上走得更加扎实。例如，在我们社会学教学中，我们会让大一的本科生每个人写一篇社会学自传，像埃里蓬一样回溯过往、自我剖析。他们需要用社会学的理论和视角来描述自己的家乡、家庭以及家族历史，探讨不同类型的结构性因素对自己的影响，以及这些影响又如何塑造出他们的现在和对未来的期待。

很多学生在写作之后，发现他们以前从未有机会与父母或祖辈深入交流过家庭的历史——这一路是如何走下来的，我又是从何而来。但通过这种深入的对话，他们逐渐明白了自己的根源，了解了自己的家乡——原来我的老家在这里，我的爷爷是从别的地方迁移过来的，他当年在某个历史时点的选择，影响到了我父亲的生命轨迹，而父亲的道路又在不经意间塑造出了今天的自己。

刘擎：对，这样一个社会性自传开启了一种反思的可能，意识到我们都没有天然地就需要在一个地方永远居住。早期人类在几万年前从东非出走，经过大迁徙走向世界各地，后来这万千地方成了人们的故乡。所以故乡也都是出走之后生成的。

严飞：并且是不断流动的。

刘擎：通过这样的反思性回顾，你会更明白自己，明白最深层的愿望。首先，人在整个生命历程中是会经历变化的，你说“要活出自己”，或者说要回答“我是谁？”的问题，你总是要辨析在自己各种各样的愿望当中，哪些是你最根本、最深层的愿望，也就是你觉得实现了这些愿望，我就成了自己或者实现了自我。现在的社会潮流总是告诉你要追求“非富即贵”，好像大富大贵是每个人的理想。但是，这不一定是每个人的理想，或者说在追求大富大贵的过程当中，你要过什么样的精神生活和情感生活？你要跟哪些人发生紧密的关联？你的偏好和惯习是什么？这些都是特殊性非常强的问题。**通过这样一种自我回顾，通过在乡愁当中体会自己，是我们自我理解的一个重要方式。**其次，抛弃那个地理意义上回归故乡的迷思，就意味着**你在所有的地方都可能重新找到自己的根基，安顿自己。**也就是说，你会发现，自己最深层的愿望有可能可以在家乡以外别的地方，以多种不同的方式实现。陈寅恪1948年在广州的时候写了一首诗，最后一句叫“且认他乡作故乡”。当时他身逢乱世，在兵荒马乱的境遇中如何安顿？他就决意将此地当作故乡好了，这当然是精神意义上的故乡。

严飞：对于很多年轻人来说，在异乡漂泊，一边渴望着精彩人生，一边付出巨大的代价，身在其间的每一个人，都无法幸免。为了动辄几百万的高额房贷，每天起早贪黑、披星戴月，到了周末就累得只想躺在家里吃外卖、刷短视频。这样的异乡生活，是否意味着一种巨大的妥协与牺牲？在强烈的无根感面前，我们应该怎么办？在大城市和小城市之间，到底应该做出何种选择？用德国社会学家齐美尔在《大城市与精神生活》一文中所提出的一个经典问题，就是："一个现代人在城市生活中如何保持独立个性并存活？"

我最近发现了一个特别有趣的现象，年轻人沉迷上了社区夜校。40元就能在夜校里上一节乐器、刺绣、书法或绘画课，这些活动也变成了年轻人逃离日常工作单调性的一种方式，尤其是对于那些在公司格子间里拼命对齐颗粒度的年轻人来说，他们的精神世界无处寻觅，下班后去健身又太贵，反而是在社区夜校里找到了一方新的天地。通过这些课程，他们不仅可以学习到有趣的新技能，并且还会结识许多志同道合的新朋友，这些在他乡漂泊的年轻人就这样一下子自然连接了起来。

刘擎：这特别有启发性。最近在上海也开始流行年轻人上夜校的风尚，这是他们尝试让自己和自己喜欢的事物、和周边世界建立联系的努力。我觉得人类学家项飙老师讲的那个“附近的消逝”是不可避免的，要想在原来的地理位置上重建“附近”非常困难。但在另一方面，**你总是可能重新建立自己的“附近”，也就是说，无论你走到哪里，都可能在你的所到之处去寻找和培养自己与“附近”的关联，这其实就是安顿自己。**当然，这在今天比在传统社会要难得多，但也总有可能在异地他乡重新安顿自己。以前苏东坡写过一首给朋友的诗，其中有一句就说“此心安处是吾乡”。怎么才能安心？我觉得仅仅在一个地方找到工作可能是不够的，你要进入一个社群，有自己的community，上夜校可能就是一个方式。

严飞：需要人和人之间那种真实的连接，而不是把自己完全抛置在一个虚拟的世界里。现代人需要建立一个精神上的故乡。俗话说“三十而立”，立的不是金钱的饱满，而是个人的精神世界，一个活在世界上感到意义的生活锚点。

刘擎：对，就是要应对那种悬浮的、无根的状态。这需要你在一个地方扎根，这不是说一辈子也不离开某个地方。而是说无论到哪里，都要与周遭的人与物发生深入一些的关联，否则就只是过客。比如，我们在这里访学只有十个月的时间，就在此地结交了许多不同的朋友，有美国人，有海外客居的华人，也有和我们一样的访问学者和留学生。大家一起吃饭、出游和交谈，慢慢就找到了社群的感觉。我们不会因为远离故乡熟悉的环境就封闭自己，在陌生的环境里更需要打开自己。当然，结交朋友也是有选择性的，往往是和你有共同爱好的人，也会有吸引你的“他者”。你没有办法独自扎根，总是要建立某种connection，有了这种联结，才能扎根，让自己在异乡的生活也能蓬勃生长。

严飞：在形成社区的过程中，经常会有意外的惊喜出现。例如，你可能会发现某人和你来自同一个地方，大家都可以讲出地道的家乡方言。芭芭拉·卡森就曾说，**乡愁背后是语言，是对某种语言的眷恋。**语言是一种非常重要的载体，它映射出我们对家乡的怀念，一旦大家说起家乡话，马上就能打成一片。上个礼拜我去了趟加州，拜访我以前的老师和同事时，遇到了一位新朋友。我们坐下来刚刚聊了五分钟，就发现原来是老乡。

刘擎：南京人。

严飞：对，不仅是南京老乡，而且我们的父母曾在同一个单位工作，甚至我们的爷爷辈也是。从小我们就生活在同一个单位院子里，上同一所小学和中学。这种连接一旦被发现，我们马上就开始用南京话聊了起来，分享旧时街道的记忆、过去的老师。

比如小学的老师，她叫什么名字，教过什么科目，你还记得吗？我们还开始分享小学时候的照片。虽然刚刚认识五分钟，但十五分钟后我们之间就建立起一种非常亲密的关系。正是这种共同的语言背景，带来了意外的惊喜。

刘擎：我们谈了这么多，对于如何面对乡愁这个问题，会有什么启发呢？当然这是没有什么标准答案的，当今这个世界上谁会有标准答案？但我们的对话可能提供某种思路，或者说是某种参考答案吧。

严飞：刘老师说得很好。**把世界作为我们的参考答案。**

刘擎：我想说，人们完全可能在任何一个地方来扎根，并与所在之地相互发生影响。比如说今天我跟严老师一起拍摄视频的这个地方，是哈佛大学东亚语言与文明系，这是哈佛大学的地方，但你会发现我们的背后有汉字的书法条幅。现在也有些师生在争取，关于中国的研究是不是可以用中文来写博士论文？因为有些与法语和德语相关的专业已经开始这样做了。

严飞：还有西班牙文，这里很多人都在讲西班牙文。

刘擎：对，前不久我参加过一个会议，是费正清中心和亚洲协会主办的讨论中国问题的会议，有美国的汉学家、中国研究专家，也有母语是中文的中国学者，在这个会议上，主办方就提议，让与会者自己选择用自己最熟悉的语言来发言。另外我也发现，目前在美国各地的中餐馆，比30多年前我刚到美国留学的时候，要多很多，也要好得多。你看，世界也在流动中改变。一个四川人到上海工作，想念川菜的时候不用回四川，在上海也可以找到不错的川菜馆，现在中国人在美国也可以找到许多不错的中餐馆。

这让我想起一位我们共同的朋友，她有一个特别好的表达，就是当我们面对那种无根的漂泊感的时候，可能很容易失落，感到不知身处何处，好像是生活在"nowhere"，但是她说，我们可以将"nowhere"这个词拆解之后转变为"now here"，此刻就生活在这里。也就是说，如果我们一时找不到自己可以归属的地方，可能漂泊在北上广或者在异国他乡，但我们可以就从当下的这里开始，在这里重新扎根，就是"且认他乡作故乡"。**这不是说你一定要在这里永远生活下去，而是说每在一个地方生活，你都可能在此地建立关联，与自己的朋友、亲人、志同道合者联结起来，然后重新将自己与内心最深的渴望关联起来，从而安顿自己。**

严飞：尽管我们扎根异乡，在这里寻找着新的连接，不断地拓展我们的知识深度和生命的广度。但同时，我还有一个小小的建议——**我们可以随时启程，来一场说走就走的回家！**

刘擎：是的，随时都可以回去。每个现代人在某种意义上都是不同程度的异乡客，哪怕你留在故乡，也可能会心生一种异乡感。但应对乡愁的方式是多种多样的，我们都有可能把nowhere变成now here，最后可能会找到一个地方，或者获得一种方式，能够跟自己生命当中最深刻的渴望建立紧密、亲切的关联，获得自在和从容，于是就有了自己的精神家园。

严飞：对，其实就是朱光潜先生的六个字“此身、此时、此地”。

刘擎：对，“此身、此时、此地”。

5

旅行的意义
是让近旁
有诗

旅行不仅是一次地理空间上的转移，更是心灵和视野的一次大开拓，让我们拥有超过一个的“人生”。

旅程中的看见与被看

刘擎：现在是4月初，波士顿的春天还没有热烈地到来，但已经不那么寒冷了。

严飞：已经有春的气息了，经历了一个漫长的冬天后，小伙伴们都跃跃欲试，觉得很快就可以开始一段春天的旅行。

刘擎：是。今天我们找了一个地方，是哈佛大学欧洲研究中心（The Minda de Gunzburg Center for European Studies，简称CES），有一次我到这里来听讲座，发现中心门口的这个花园环境很好。今天我们对话的主题是旅行。如果展开谈这个话题，旅行的意义不只限于治愈痛苦，可能对人的感受力、视野和见识，对人的情怀和品格塑造都有作用。今天就和严飞老师一起来谈谈旅行的意义。

严飞：探讨旅行的意义，我首先会思考这么一个问题：当我们的城市和城市间的差异越来越小，当我们在手机上就可以看到不同地方的风景时，我们为什么还要旅行？为什么要开启这一段行程？

刘擎：你觉得是为什么呢？

严飞：我觉得旅行的意义，是探寻世界无穷的多样性。当我来到一个完全陌生的地方，最喜欢做的一件事情，就是像一个人类学家一般去当地探索，与当地人各种闲聊，比如说街头的小贩、市场的卖菜大妈、小店铺的老板，和他们交流让我体验到一种完全不同的人生。做社会学研究的，总喜欢说故事，要说好一个故事，首先就要喜欢听故事。美国社会学家彼得·伯格（Peter Berger）在他的自传体小书《碰巧成为社会学家的冒险之旅》（*Adventures of an Accidental Sociologist*）中就提过，当他还是四五岁的小孩时，曾经收到一个电动玩具火车的礼物。别的孩子收到这个礼物，都喜欢控制小火车穿越隧道。但是他对这个神奇的机器一点都不好奇，甚至都没有打开电源，“相反我躺在地上和想象中火车上的乘客聊天。有人可能会说从此我就没有停止过这个对话。我从来没有后悔过。我从中得到了很多快乐。现在也是”。喜欢和各色各样的人聊天，大概就是社会学最大的乐趣所在。

因此，如果谈到我们为什么要旅行，对我来说，旅行在于跳脱出自己熟悉的环境，深入不同的世界，探索那些我从未经历过的生活景象。**这不仅是一次地理空间上的转移，更是心灵和视野的一次大开拓，让我们拥有超过一个的“人生”。**

刘擎：严老师讲得好，开拓视野很重要。英国有位作家阿兰·德波顿（Alain de Botton），也为大众读者写通俗哲学，他出版过一本书《旅行的艺术》（*The Art of Travel*），其中谈到，如果人的生活是为了追求幸福，那么很少有别的活动像旅行那样能呈现这种追求过程中的热情和矛盾。德波顿觉得旅行的过程像是生活本身的缩影，却又能以含混暧昧的方式提供日常之外的另一种生活意义。还有一位英国作家艾米丽·托马斯（Emily Thomas），也是哲学教师，她写过一本书叫《旅行的意义》（*The Meaning of Travel*），其中专门区分了旅游和旅行，旅行是一种发现和探索的经历。现在大部分人是旅游者（tourist）而不是旅行者（traveler），这两者是相当不同的。她借用一位历史学家的话说，在1950年代以后，真正的旅行越来越稀少，非常边缘。随之而来的是越来越兴盛的旅游业，就是定制好的路线、奔向特定的风景点，打卡拍照，到此一游。旅游者的行为是进入一种景观，无论是优美的还是异国情调的风景，然后把自己放在这个景观里拍照留念，感受那种新奇的冲击，但“见物不见人”，就算周围有人，那些人也变成了风景的一部分。我自己其实也有过那样的经历，走马观花式的旅游。其实感受并不是特别好，我会感到某种晕眩，景观出现了，哪怕美轮美奂，却有某种虚空感，因为我觉得身在美景之中，但我和这个所到之地没有任何真正的联系，眼前的一切都稍纵即逝，有虚幻的感觉。

严飞：**我们需要的，是一种在地的生活姿态，以及和当地的连接。**

刘擎：对。我觉得哪怕是短时间的旅行，在出发之前“做功课”是非常有意义的，就是去研究那个地方的地理、气候、人文、历史和文化，这个学习不仅是知识预习，而且这个预习过程本身就是让自己和要去的地方发生了关联，然后整个旅行过程，你会有新的发现，和你自己的兴趣爱好，特别是与你的记忆和期待产生了关联。

严飞：除此之外，旅行中还会有很多非期然的相遇，是完全不在行前规划里的意外遇见。在做旅行攻略的时候，我们可以计划着打卡哪些网红景点，了解背后的历史，品尝当地的美食，但我们却没有办法计划好我们今天和谁聊天、明天又和谁相遇。有的时候正是这些意外的遇见，会让我们在彼此的互动中，进一步加深对当地的在地认识。

我记得刚到波士顿时，因为需要买车，我们去了一家车行。接待我们的销售是一位伊朗小伙子，名字叫鲍勃，长得高大帅气，拥有蓝色的眼睛和白色的胡子，他向我们介绍了车行的历史和不同车型的选择。出于好奇，我们问他为什么会从伊朗来到美国，特别是来到波士顿这座城市。他告诉我们，其实他并没有直接选择来波士顿。他最初从伊朗移居到多伦多，在那里生活了九年，获得了加拿大护照，后来又申请了美国护照，最终来到了美国。

刘擎：是命运把他带来的。

严飞：是命运让我们相遇。我们和鲍勃聊着聊着，鲍勃突然问我学的是什么专业，我说我学习社会学，今年在哈佛大学访学，他说这一家车行是家族产业，老板是他的舅舅，也是社会学博士毕业，不过方向更加偏向犯罪学研究。研究社会学的学者遇见了社会学毕业的老板，自然分外亲切，鲍勃就给了我一个很好的折扣，然后我们又互相加了好友，开始相约要一起喝咖啡，我第一次发现原来社会学还可以这么有用。这样的偶遇非常难得，也让我们的波士顿之行一开始就变得很有在地生活的气息。

刘擎：这些记忆就让你跟这个地方有了深度的联系，要不然我们作为访问学者来了，如果只是在大学图书馆读文献、在报告厅听讲座，然后就回去，学术上的收获可能也不少，但与本地的人和事基本没有关联，那还是一个缺憾吧。我觉得到一个地方还是要找机会接触当地的文化，感受托克维尔讲的“民情”。在某种意义上，旅行其实是逃出柏拉图的洞穴，通过遭遇和发现他者，才明白自己的“洞穴性”，也就是自身的地方性。我们与他者深入交往，才会了解不同的语言、饮食、习俗、礼仪和文化，然后会发现，有些东西在我们的文化当中特别重要，在他们那里却全然不重要，反之亦然，这样我们不仅了解了他者的文化，也通过这些差异更深入地认识自己。如果没有与他者相遇，人并不能真正认识自己，个体和群体都是如此。

严飞：紧接着刘老师所说，旅行当然是看见他者，但是在旅行过程中是不是他者也会看见我们？我们其实是一个看与被看的过程。米兰·昆德拉说，他人即镜子。每个走在路上的人，都有着迥然不同的人生标的，有的为了生计，有的为了爱人，有的为了怀念，有的为了追寻，还有的只是漫无目的，走过一段茫然和空白。旅途上的这些镜子，有着千奇百怪的大小和形状，有的甚至是流动的，折射出我们内心深处最隐秘而又最有光芒的自我。

刘擎：所以深度介入旅行所到之地，会是一个双向发现，他们当地人发现了异国的来访者，我们在他乡感受一种不同于家乡的文化和生活方式，这使我们不仅发现了他者，而且通过认识他者获得了对自身的重新理解。因为我们会发现，自己秉持的信仰和原则、遵从的规范和习俗，并不是理所当然的，也不是唯一可能的。也就是说，我们领悟到自己的相对性或者说“洞穴性”。知道存在不同的洞穴，才会意识到自己的洞穴不是整个世界，而只是一个特定的洞穴。这非常重要，特别是在今天全球化的时代，我们不要把自己的文化视为天经地义的。每个地方如果都能获得一定程度的自我相对化，就更有可能接受多元的世界和多元的生活方式，也就更有可能心平气和地共处，而不是说“非我族类，其心必异”，甚至“其心必坏”。

严飞：我觉得有必要强调一下，我和刘老师这一年更准确地说应该是旅居——我们在旅行的基础上，将时间的周期拉长，渐次融入当地的生活。这种深度的文化交流和生活体验，让我们的旅居生活打开了新的可能性。旅居者的英文是sojourner，有意思的是，梭罗在《瓦尔登湖》的开篇，就用了这个词来形容自己刚刚结束的两年零两个月的瓦尔登湖幽静生活后的状态——“我又成了文明生活中的旅居者”（I am a sojourner in civilized life again）。

对我而言，这一年在美国的生活不仅仅是体验美国的文化。我们在这里与很多来自不同国家的朋友建立了深厚的友谊，比如有来自韩国的记者朋友，有来自土耳其的建筑师朋友，有来自科威特的医生朋友。我们和科威特这一家关系很好，由于我们两家的孩子是同班同学，所以经常相约带孩子一起出去结伴玩耍。在玩耍的过程中，我们就会相互体验和了解对方的文化、饮食习惯和生活方式等。

这一年还特别有缘分，有幸推动了麻省理工学院的人类学家克里斯蒂娜·J. 沃利（Christine J. Walley）的著作《无地可依：后工业时代芝加哥的家庭与阶级》（*Exit Zero: Family and Class in Postindustrial Chicago*）中文版的出版工作。这本书是沃利自我民族志的剖析，从自己曾祖父的故事出发，展现出美国芝加哥东南部老钢铁厂地区由盛而衰的转型历史。我们因书结缘，我告诉她在阅读这本书的时候收获很多快乐，这种快乐部分来自我在她的研究中找寻到自己一本书稿计划的写作源泉；但更加快乐的是在沃利家参加圣诞聚会，看到墙上挂着她小时候和父亲在芝加哥钢铁厂里合影的照片——那是书里屡次出现的故事，却让我在波士顿剑桥遇见。

刘擎：对，在这个意义上我们到这里来访学，其实也是一个更长的旅行——旅居。美国有一个特点，特别是在波士顿和纽约这种地方，会有各国的来访者把自己从故乡带来的那种文化、思想和观察带入这里，因此会有非常丰富多样的文化在这里呈现和汇聚，这给我留下深刻的印象。记得中秋节那天，我们一群来自中国的学者和学生，在哈佛大学的中心地带，也是以前的校长官邸参加一个招待会。我们可以在那里用中文来说话交流，那天我也被邀请做了一个发言。我们可以在哈佛大学，在那个场合，用中文来谈论今天的美国、中国和中美关系，以及对世界的想象和展望，这还是有点令人兴奋的。还有就是多年前在傅高义教授的倡议和支持下，一些中国的访问学者共同创办了一个学术沙龙，用中文来讨论中国相关的问题，这个沙龙许多年来一直非常活跃，讨论的学术水平也相当高。王德威老师在东亚系开设的与中国文学相关的课程，也有用中文来讲授的。我们可以看到，中国的文化和视角，古代的、近代的和现当代的思想和经验，也越来越深入地进入哈佛大学这样的美国高等学府。

严飞：看见和被看是一个互动的过程。我们的体验不仅限于融入当地，去观察当地的风情；实际上，当地的文化也会因我们的加入而产生交互式的影响。在这种交互中，不同的文化不断地叠加、融合，既丰富了我们的经历，也促进了文化间的理解。

刘擎：不同文化之间的彼此发现，不只是相互理解和尊重，可能还会进一步有彼此的影响和改变。文化与个人一样都不是凝固不变的，文化的交往与个人之间的交往也有相似之处。交往加深了就会相互影响。我和严飞刚刚认识的时候，比较客气，注重彼此理解，但后来他的一些观点会影响我的想法，或者我的一些想法也可能影响到他，我们的交往就引发了一定程度的自我转变。当然，相互影响和转变不一定都是顺利和愉快的，有时会很困难、很痛苦，文化之间的遭遇就更是如此。中美之间现在就处在比较困难的阶段。大家都意识到，中国和美国的关系已经到达了“你中有我，我中有你”的阶段，你的一部分已经被我内在化了，我的一部分也被你内在化了。其实文化的变迁和发展在很大程度上都是与异己遭遇的结果。中国文化本身的发展就是如此。孔子到处旅行，周游列国讲学，去过近十个国家，战国时代有所谓七雄，中国最后实现统一，后来发展到现在这么大，其实也是文化相互遭遇的结果，才会发展为具有丰富多样性的文化。而今天可能在全球尺度上，不同文化发生着更密切、更有深度和更加广泛的相互遭遇，当然会引起彼此的影响和改变。同时，大家也会警觉文化霸权、文化帝国主义和殖民主义的问题，这是一个重要和复杂的问题。21世纪的人类，很难接受19世纪那种弱肉强食的文化遭遇逻辑，就是通过实力强大而驯服其他文化的方式。**当今不同文化之间的遭遇需要有更积极和更平等的交流和尊重，彼此的影响和改变也需要是自愿的而不是被迫的。**

严飞：因此，我们需要一种文化间平等的交流与融合，创造一个对话的空间，使得这种对话能够在一个有序的体系中进行。

刘擎：过去的世界，在古代和近代的许多年代是用帝国的方式来把不同的文化关联起来。但今天这个世界不再可能沿用过去帝国的方式相处，因为人们的观念改变了，平等与尊重的观念已经深入人心。今天有些地区还存在战争和战乱，但整个世界处在相对和平与有序的状况中，这种相对和平的秩序是来之不易的。在人类历史上没有很长的和平共处，能让文化相互平等的交往，我们正好赶上了这个时代，这是值得珍视和维护的。

严飞：我们刚才谈到，**旅行不仅仅是欣赏风景，更多的是与当地人的在地交流，是一种双向的流动。与此同时，旅行也可以进入日常深处，发现日常生活细节，从很多被忽视的细节里感受一种不一样的地方历史。**比如来到哈佛大学之后，大家都会想到去哈佛园里最著名的地标——约翰·哈佛的铜像，去摸一下铜像的左脚，据说会给自己带来好运。我们当然也不可免俗地去摸了一下，然而我们平日最喜欢做的事情，是在哈佛所在的剑桥散步，可以沿着查尔斯河一路走到麻省理工学院，看对岸波士顿市中心壮阔的建筑群。我有一位同事，喜欢散步的时候数一路上会看见几只小兔子，所以她在自我介绍的时候，说自己的兴趣爱好是bunnyspot，并且最高纪录是一次散步的时候数到了23只小兔子。

我们在散步的时候，则喜欢去看街边或者社区公园长椅上的铭文。剑桥有很多公共空间，分散在大大小小的街区里，无论是沿着查尔斯河漫步，还是去剑桥公共图书馆借书，总是会路过很多长椅。不少长椅上都会刻一块铭文，上面雕刻的献词有的是纪念逝去的亲人，有的是记录一段生活中曾经美好的时光。我们就很喜欢去读这些细小的文字，仿佛时间因此停止在某一个时刻，那些曾居住在这里的每一个普通人，他们的记忆以一种特殊的方式保留了下来，并在这一个时间点和我们相遇，也让我们经历了一遍他们所走过的人生。

有一次，我们在剑桥公共图书馆前的草坪上，看到一把以前并没有留意到的长椅，我们猜测兴许是新放置过去的。椅子上有一块铭牌，上面刻着一段话，讲述了一位叫简的老太太和她的先生鲍勃的故事。他们在剑桥社区生活了50多年，深深地扎根于社区的服务和教育。鲍勃老爷爷曾是当地一所高中的物理老师和体育教练，而老太太则在不同的社区医疗部门工作。尽管他们是非常普通的剑桥居民，但他们对社区的热爱和所做的贡献却是非凡且值得纪念的。

我还专门去网上搜索了这一对老夫妻的生平。鲍勃老爷爷1938年出生于剑桥，2018年逝世，可谓剑桥的终生居民（lifelong resident）。他是一位热情而博学的政治评论家，也是一位真正的剑桥社会活动家，致力于为社会中的所有人争取社会正义。他的孩子和孙辈有好几位都在哈佛读书，也都在为当地社区做着一些力所能及的志愿服务。而老太太简也是一位土生土长的剑桥居民，她出生于1936年，2023年刚刚离世。她是一名敬业的社区护士，也是一位为所有人争取社会正义的活动家，给了许多人支持和帮助。她还是剑桥第一个社区花园（Cambridge's First Community Garden）的创始成员。花朵为她带来了欢乐，绘画为她带来了平静。

在春天的傍晚，我们会坐在这把长椅上，看着人们从图书馆里进进出出，孩子们在图书馆前的草坪上嬉戏玩耍。我们情不自禁地会去畅想，也许当年老太太简和老先生鲍勃，也是这样相伴走过这块草坪、走进这座图书馆、走过了无数个春夏秋冬，他们的故事多么普通平凡，却成了一段历史。而发现这些生活的细节才让我意识到，我们正在与这个地方的真实生活连接起来，和在地的社区架接起了更多的纽带。

刘擎：这也是一种纪念方式。怀念一个故去的亲人或者好友，大家集资或者以家庭的名义建造一把长椅放在公园里，放在河边，放在公共绿地里，我觉得这是一种很好的纪念。

严飞：只是很多时候，人们看不见这些日常里的细节，或者觉得这些是不重要的。**我们只选择看见我们想要看见的事物，用自己的价值立场去诠释世界，甚或是明明看见了事物，却假装自己没有看见。在某种程度上，我们看见的只是一个由经历、实践和习惯所决定的东西，这是一种主观选择的行为。**

刘擎：**还有一些风景是在历史里，不在风景的浮面。**比如我知道，严飞老师现在住的这条特罗布里奇街（Trowbridge St.），正是当年陈寅恪先生在美国游学的时候住的那条街。他们家是14号吗？

严飞：是的，特罗布里奇街14号，是陈寅恪先生1920年在哈佛大学学习时的住址。这条街很长，被剑桥公共图书馆分隔成东西两段，但还是一条街。有的时候走过那栋房子，我会去想象一段跨越时空的交错，当年陈寅恪先生住在这里的时候，他在做些什么呢？他也会像我一样，拎着一袋从超市购买的食物，回家做饭吗？这种感觉就像博尔赫斯在他的短篇《另一个我》中描写的场景——博尔赫斯坐在剑桥查尔斯河畔的一条长椅上，遇见了年轻的自己，19岁的博尔赫斯。他们在不同的时间中开始对话。年老的博尔赫斯想要告诉年轻的自己一些过去的经历和未来的事情，也就是那些年轻的博尔赫斯即将面对，而年老的博尔赫斯已经经历过的。然而，年轻的博尔赫斯却回应道：你所说的一切并不足以证明我们现在在剑桥，也许我们两个都在做梦呢。

很多时候，我们会忽略掉我们所在地方背后的历史人文，我们所居住的街道、社区背后那些不为人知的故事，以及在历史某个阶段可能产生的和今日的联系。

刘擎：大家日用而不知。

严飞：对，日用而不知，只缘身在此山中。这段体验也和我在清华大学教授“西方社会学思想史”这门课程时的体验颇有关联。我在教西方社会学思想史的时候，喜欢把古今中外的思想放在一起分析和对比，了解不同思想脉络共通的源泉。陈寅恪是清华四大国学导师之一，我常在北京秋日的午后，带领学生们一起走过铺满金黄色银杏叶的清华路，走到校园内王国维的纪念碑那里，朗诵陈寅恪在纪念碑上题写的字，并讲解其背后的历史意义。特别是关于独立精神和自由思想的部分——“思想而不自由，毋宁死耳”;“惟此独立之精神，自由之思想，历千万祀，与天壤而同久，共三光而永光”。这些讲解在课堂上可能显得有些空洞，因为对今天的年轻人而言，这段历史常常让人感觉遥不可及，但是当我带着大家一起来到碑文前齐声朗诵的时候，就会感受到思想的勃发和绵延。而今，陈寅恪先生竟然还曾和我住在同一条街上，这种时空的交织就会让我感受到一种无法用言语表达的奇妙，仿佛历史与现实在此刻交汇。

刘擎：这时候“历史感”就变得生动了，栩栩如生，这就是旅行会生发出的感受。你到不同的地方时会产生那种意外的惊喜，或者情感的和意识的变化。

哈佛附近曾经有很多中国历史名人居住过，哈佛燕京这一届的同仁有个计划，就是把这些地址查清楚。我们会带一个摄像机把这些拍下来，包括陈寅恪先生的故居，还有张爱玲的故居，带着这样的学术轶事“轧马路”(city walk)。由于你看到了陈寅恪先生的故居，然后联想到你自己的清华，所以可能当你回去的时候，再看到清华园你会有新的感受。

严飞：一定会有新的感受和体验，会再和学生一起分享。

门槛上的人

严飞：此外，可能是社会学的缘故，我常常会把我的田野工作当成一段旅行，或者反过来说，我的旅行也是社会学田野的一部分。在田野工作中，学者们常常会遭遇访谈难以真正“进入”和“参与”的困境。一个经典的例子，就是文化人类学家克利福德·格尔茨（Clifford Geertz）著名的巴厘岛斗鸡研究。巴厘岛人都喜欢看斗鸡，斗鸡是巴厘岛上男人们的必修课。格尔茨夫妇刚来到村庄的时候，尽管明确表明自己是“人类学家”“大学教授”，却一直被当地人视作透明人。有一次夫妇俩在围观一场斗鸡时，警察突然到来，他们和当地人一起四处逃窜，直到经过这一次戏剧性的集体躲避警察的事件之后，他们获得了当地人的完全信任，田野工作才由此顺利了起来。

所以社会学的田野访谈有一个基本原则，就是要用当地人的思想和文化方式去接触潜在的被访者，深入了解他们的生活习性和喜怒哀乐背后的生命历程。作为学者，我们需要拥有掌握在地知识和体验的能力，同时保持学者的中立和客观；我们需要搁置先见、剥离自身与所研究群体的道德判断，通过打入内部的方式，切身观察他者的生活，并通过“自己成为自己的陌生人”，打破过往经验对自我认知方式的囚禁，以期获得对所研究群体的充分理解。这就如法国思想家雷蒙·阿隆（Raymond Aron）所提出的“介入的旁观者”一样，我们既要介入田野，但同时也要保持冷静的距离。

在过去很长一段时间里，我都将自己形容为“门槛上的人”，将自己观察社会的视角形容为“门槛上的视角”。所谓门槛上的人，其实是套用了作家冯骥才的说法。冯骥才曾说，评说一个地方，虽然可以采用很多种方法，但是最好的位置是站在门槛上，一只脚踏在里边，一只脚踏在外边。倘若两只脚都站在门槛的外边，隔着墙说三道四，难免信口胡说；倘若两只脚都在里边，往往身陷其中，既不能看到全貌，也不能道出个中的要害。**只有身在其中又在其外，既是某个事件的亲历者又是观察者，才可以拥有双重的批评特权，在兼容“本土”“外地”的基础上，更好地观人所不察的细节，发人所不觉的忧思。**

当然，作为门槛上的人，要保持一只脚在里、一只脚在外的平衡并不容易。身份与立场的不同，往往会让人们在内心挣扎，不知该如何做出选择，尤其是做出正确的选择。但其实，我们并不需要一味地纠结什么是“正确的”，什么是“不正确的”——投入其间，迈出第一步，这就对了。

刘擎：这是一种批判性的距离。这里其实是有蛮复杂的问题，现代人类学的最初兴起多多少少与英国帝国主义的发展有些关系，英国人在殖民扩张的时期，注重了解和掌握殖民地的文化习俗和人文地理，促成了专门的田野考察和专业化的研究。到了20世纪晚期，西方学术界受到萨义德等学者的影响，会谦虚地、谨慎地对待异族文化。看到他者的生活，学术训练要求首先是尊重而不轻易评价，这是一个重要的观念。但对待异族文化，我们能不能批评呢？文化多元主义与相对主义甚至与虚无主义之间有区别吗？希罗多德写的《历史》一书，说到对死者遗体的处理方式，古希腊与卡雷逊（古印度的部落）就有非常不同的习俗，彼此震惊：希腊人怎么能够把遗体火化啊？卡雷逊人怎么能吃掉自己逝去亲人的遗体？文化相对主义带来的难题，古已有之。那么，我们对不同风俗之间的差异，除了说各有特色之外，就不可能做出任何公允的批评或评价吗？我觉得现在学术界的基调是先带着谦逊、尊重的态度去学习和理解，同时，也并不排除批评和判断。这里是蛮复杂的。比如，对于“女孩割礼”这种习俗，全世界各地基本上都认为是野蛮的，不可接受的。这是相对容易的例子，但有许多其他的问题就不那么容易达成公允的批评判断。这里有没有道德判断的共同标准？这个标准是总是文化依赖的，因此是地方性的，还是存在共同的判准，或者通过文化的碰撞、争论和交流，有可能能够形成基本相近的标准？这也是困难而重要的问题。

严飞：这会让我联想到另外一个话题，当学者出去旅行的时候，他会看见什么？比如说，刘老师您印象最深的一次旅行经历是什么？或者说旅行的最大收获是什么？

刘擎：我自己稍微长时间一点的旅行都是在大学，都是在学校，美国当然是因为我在这里留学，我去欧洲——去英国，去法国，主要是看他们这个学校学者谈话的方式和教课的方式。我做访问学者的时候特别喜欢去听课。

严飞：我也非常喜欢。

刘擎：因为那时候很开心，你不用考试，没有负担。

严飞：也不用备课，也不用自己上去讲。

刘擎：对，这时候你会从教师的视角来观察这门课的老师是怎么教的。这次到哈佛，我发现自己作为学者和教师，特别关心这里学生的特点。哈佛的学生与我们国内高校的同学之间有什么异同呢？一个初步的观察是，中国同学对自己的发展通常有相对明确的、现成的“赛道”，哪怕这个赛道让自己很费力、有挫折，而且不顺利，但也一定要有明确的发展轨道，要让自己处在一种比较主流的规划模式之中，否则就会很不安、很慌乱。相对来说，这里的学生似乎更有弹性，也更有灵活性，他们可以试试这个、试试那个，失败了，挫折了，没搞成，搞砸了，再试不同的东西。当然他们也非常努力，但精神显得比较饱满。为什么呢？我觉得他们有比较强的探索的内驱力，也给自己的发展预留了比较高的容错率。这个还是有挺大差别的。美国学生的这个特点更突出，中国学生在程度上有所不同，如果在这里读过小学或中学，就和读大学刚出来的留学生不太一样。

严飞：产生很多文化上的冲击。

刘擎：对，这里的学生也有强烈的抱负、那种成功的渴望，这都差不多。但他们好像没那么神经紧张，不那么强制自己要在一个现存的赛道尽快取胜。如果一条轨道走不顺了，似乎也没那么焦虑，而且会试图开创一种新的规划，或者尝试某些不那么主流的赛道。这带给我挺大的启发。

严飞：这让我想起了十年前我还是学生时候的一次旅行，印象特别深刻。当时正处于读博士的最后阶段，心情非常苦闷，博士论文怎么也写不出来。就算写完了博士论文，博士毕业以后，未来的前路在什么地方，自己完全看不清楚。我于是不断陷入自我的诘问中：我为什么要读博士？我是否真的适合做学问？除了读书之外，人生是否还应该有另一种可能性？在一片迷茫、彷徨和焦虑中，我决定买一张机票，从美西飞到纽约，给自己一个放空的机会。

由于学生比较穷，只能买便宜的“红眼航班”。抵达纽约的那天，已经是凌晨两点多。半夜的纽约，人生地不熟，地面交通都已经停驶，只能在破旧的像迷宫一样的地铁站里寻找自己要搭乘的列车。在一个几乎只有我一个人的车站前，等待下一班列车。等了很久，走过来一位拖着行李的年轻小伙子，他很有礼貌地问我是不是中国人，我说是，他就向我询问方向。我告诉他我也是第一次来纽约，也不认识路，但是我认识英文，可以帮他找找。于是在地图和车站牌上比对着，才发现原来我们要搭乘同一班车次，前往同一个方向。

地铁终于来了，这是一辆本地的慢车，几乎每一个小站都会停靠。晃晃荡荡的车厢里，灯光时亮时暗，只有我们两人，并排坐在一起。我们继续闲聊，原来他是刚刚从福建家乡偷渡到美国的，手里拽着一张老乡介绍的中餐馆的地址，前去报到做一个没有任何合法身份的厨师。他在可以预期的未来几年里，都无法回国，因为一旦出境，就再也无法返回美国。因为没有身份，只能在美国做“黑户”，在中餐馆里打工，租住中国人的小屋，每年把赚到的钱寄回老家。他有一个可爱的女儿，但在相当长的一段时间里，他都无法陪伴着她的成长。整个纽约，像他一样偷渡过来谋生的中国人数不计数，甚至在他的老家，整个村的男丁都被带到了美国，分散到几个主要大城市里的中餐馆里。

我告诉他我是一个正在美国西海岸读书的学生，正在学业中苦闷，所以一个人开始漫无目的地旅行，看一看自己没有去过的城市。他羡慕我的生活，不用在担心中度过每一日，但除此之外，他理解我的难处，不足为外人道。他告诉我，他其实非常珍惜现状，也在努力学习英语，这些都是他可以把握住的命运，如果再加一点运气，兴许可以在不太远的未来，将妻子和女儿一起接到美国，过上另一种轨迹的生活。

这趟列车很缓慢地前行，似乎一直开不到终点，就好像我们俩彼时的人生。有的时候在转弯的地方，列车和铁轨剧烈地摩擦，发出吱吱的声音，撕裂着暗夜车厢里的寂静。**在那一刻，我觉得我和他没有任何区别。我们都只是个谋生人，对于未来是如此地看不清楚。**

刘擎：你在哪里教书不清楚，他在哪里洗碗不清楚。

严飞：但是在那一刻，在那辆晃晃悠悠的车厢里，我突然感觉到，纽约这座城市是有温度的。对于同处异国他乡的我们来说，一次意外的交集，让我们不再孤单。

刘擎：如果不是在纽约，不是在那个时刻，你跟他很难有机会进行如此长时间的交谈，除非你要专门做社会学调查。

严飞：这一眨眼，已经十年过去了。

刘擎：他现在在哪儿你也不知道。

严飞：我们都只是对方旅途上的陌生人。如果今天再让我遇见类似的场景，我也许会开展一段社会学的田野调查，记录他来美后作为“异乡人”的日常生活，再透过这一位小哥滚雪球认识更多的人，从而把这一特定群体的希冀和困境深描出来。

刘擎：所以旅行可能有一个作用，就是我们前面讲的疗愈。这个功能是怎么达成的呢？由于你去旅行到别的地方，就像看电影换了一个场景或者景别，会改变你的视角。你本来在那个小房子里，挫折啊、哀怨啊、焦虑啊，一直解决不了。突然场景换了，景别改变了，你看到别人的命运，见证了其他不同的故事，回过头再来看自己的命运，你遇到的那些问题和挑战，本身没有改变，但已经被放在不同的位置上，让你重新打量，就会获得新的感受和新的认知。比如，那个论文还是要写的，但是它在你整个生命中或者在这个世界里究竟占有一个什么位置、具有多少重量可能就不一样了，你对它的着眼点和把握感也就会不一样，心境和态度也会变化，那时候说不定就会激发新的精神、新的动力和新的思路，或者相反，让你产生了放弃写作的决心，你就走出来了。我想，这就是旅行对人的治愈作用的缘由。

让心灵抵达远方，让近旁有诗

严飞：我们最后要讨论的话题是“回归”。我们一开始探讨了为什么要旅行，为什么要出发。但无论你以何种方式启程，无论你在旅途中遇见了怎样的风景和人，最终你都要回到你出发的原点。我们会以怎样的心境回归？我们在旅程中的那些收获和经历，让我们都发生了怎样的微小变化？回来后，我们又要做些什么呢？

刘擎：对我自己来说，**我觉得真正的旅行就是让心灵去探寻远方**。为什么人家会说“诗和远方”呢？为什么“诗和近旁”是不行的呢？诗在近旁是可能的吗？

严飞：近旁没有诗，近旁只有锅碗瓢盆。

刘擎：对，问题是如何让心灵能抵达远方，然后就可以让近旁有诗，这不容易做到。康德一生都生活在一个地方——柯尼斯堡（现俄罗斯加里宁格勒），但你能说康德不知道远方的世界吗？**旅行是可以以另外的方式发生的，那就是思想的旅行。**我们往往是以阅读书籍、看电影、听音乐的方式展开心灵之旅的。当然，对大多数人，像我这种凡夫俗子，也常常渴望物理上的旅行，走向远方。无论如何，我们需要改变自己的处境，主动改变那个熟悉的、日复一日的环境，以及这个环境使人容易固化的视角和思维。让我们去发现新的打量世界的眼光，接触新的素材，然后你回到自己原来的处境，就会让原地变得“陌生化”，使它的新颖性和新问题能呈现出来。让自己的生命获得新的生机，无论在感受上还是在思想上，我觉得这是旅行最根本的意义。

严飞：所以从这层意义上来说，旅行与我们起伏不定的人生密切相关。**很多时候，人们选择出发旅行是因为在某段时间里感到非常苦闷，通过旅行来疗愈心情。当我们回归到原来的生活，实际上已经度过了人生的低谷，重新迎来了新的起点。**人生的起伏如同四季的变化，而旅行则为我们带来了许多改变，帮助我们在这起伏中找到新的平衡和希望。

刘擎：其实季节变更也会产生旅行的效应。在时间和空间上获得一种新的节奏和韵律，这是旅行给我们的生活带来的一种新气象吧。

6

直面痛苦，
是打开
真实自我的
一个方面

松弛不是完全失去自我控制的松散形态，而是说在自己可以控制的一个边界里掌握自己的人生。

痛苦恐惧症

刘擎：今天我跟严飞老师来讨论一个复杂但又跟我们都息息相关的话题：痛苦。为什么要讨论痛苦这个话题呢？这是严飞老师提议的，就让他先来说说。

严飞：我之所以想到痛苦这个话题，是因为人们今天似乎有一种随处可见的“痛苦恐惧症”。在自媒体平台上，我们经常看到诸如“10个技巧帮你摆脱焦虑”的文章，这类内容往往点击率极高，大家都在追求用一些方法和捷径迅速地摆脱痛苦。人们似乎对任何形式的痛苦都避之唯恐不及，甚至不愿意去面对爱情的痛苦。但是另一方面，每个人内心深处都或多或少有一些痛苦的东西想要表达出来，又害怕去表达，从而陷入了一种矛盾的状态之中。

刘擎：是吗？我倒是觉得现在谈论痛苦并不是件羞耻的事，但是你刚才提醒我想到，大家是在谈论痛苦，而没有深入地去讨论、了解痛苦背后的原因。

严飞：**现代社会，痛因越来越少，痛感越来越强。**

刘擎：如果对痛苦仔细分辨，它好像有非常多的层次，比如“痛”和

“苦”是不是一件事。英文里有“pain”和“suffering”，它可以是生理的、心理的、社会的多个层面，可能与文化传统有关系，也有哲学意义上的反思。

我们先说说痛苦。在一般意义上，人性有趋乐避苦的倾向，所以摆脱痛苦是很自然的事情。现在网络上有许多人都喜欢给你讲“人性”的所谓“底层逻辑”，好像人性如此简单明确，一谈人性问题就清楚了。其实就算了解“趋乐避苦”是人的基本倾向，对我们理解痛苦并没有多少助益。你刚才提到，许多人回避、害怕谈论痛苦，或者深究痛苦的感受，所以常常用emo的表情，发泄一下好像就躲闪过去了。怎么样来理解这种现象？

严飞：我是学社会学的，因此习惯从社会学的视角来理解人与人之间的痛苦。痛苦首先是个体层面的应激反应，无论是爱情失落、职场挫折、事业困境，还是与家人朋友的争执和冲突，你都会感受到一种深深的痛苦。这和疼痛还不一样，我们说疼是一种身体的问题，痛则是一种心理的感觉，而所有这些东西都是个体层面的反应。然而，放大到社会层面，由于人与人之间深度连接，形成了复杂的社会网络，大家彼此繁复交织在一起，**当一个人感到痛苦的时候，也许他可以选择自我疗愈，但是当越来越多的人感受到相类似的痛苦的时候，个体的痛苦就变成了一种集体性的表征。**

每个时代都有自己的痛苦，形状大小不一。痛苦的内容也有很多：焦虑、自卑、不安全感、不确定感、无意义感，等等，并且这种痛苦有可能跨代传递。例如，1980年代的伤痕文学正是六七十年代政治动荡带来的对个体的伤害，进而通过文学进行的集体表达，这反映了那个时代的集体创伤和裂痕。这样的文学作品不仅记录了历史，也在探讨如何通过集体记忆来疗愈这些伤痕。

刘擎：严老师从社会学的角度来分析，就是要将人作为一个社会性的存在来理解。人是生活在群体之中的，无论起因是什么，如果一个人的社会关系或者社群生活被破坏了，或者功能失调了，就瓦解了我们生命中一些重要的意义和联系，就会生出一种痛苦的感受，并引发我们的应对机制，去琢磨"我该怎么办?"。在有些情况下，痛苦的体验不只是心理层面，还与身体的感受相关，会有体征。比如，许多人在失恋的时候会说"心痛"，不只是比喻，而是会明确感到生理的痛，甚至会感到痛不欲生。

生理性的痛苦似乎是很常见的现象，但又有一些奇特的属性值得探究。比如，身体的痛是一种主观现实，无法独立于主体感受而"客观"存在。这与视觉不一样，视觉是我们看到一个物体对象"在那里"，我们是可以把客观存在的物体对象与我们对这个物体的视觉感知区别开来，至少在概念上是如此，认为

“所看之物在我们看它之前就已然存在”的信念未必为真，但完全可能成立。但身体的痛似乎就不存在所痛的客观对象。陈嘉映老师曾经讲过，**痛一定是在你感受的时刻才存在，痛感和痛本身是无法区分的，痛无法独立于我们的主观感受而存在。**也就是说，在谈论痛的时候，我们不能说这是痛，然后我去感受痛，就形成了痛感，这在概念上都不能成立。痛与痛感是在一起的，是共生的。什么时候痛可以作为一个客体或对象来谈论呢？大概是关于痛的记忆。说一段过去的往事，其中经历过痛苦的体验，回忆这段体验，我们好像就可以将它剥离出来，作为一个对象来讨论和分析。但实际上我们仍然要通过回忆和叙事来与痛的体验联系，而这种回忆和叙事总是有不可抹去的个体主观性。所以痛苦不能够作为一个独立的客体而存在。

在哲学层面的辨析有什么启发意义呢？我们在一般意义上可以说，**人总是会遇到痛苦的时刻，一个完全免于痛苦的人生是不可想象的，这就不是人类的生活。**但对痛苦的理解和应对总是与我们自己的个殊性相关，不可能有什么客观的最佳方案就在那里现成的存在。这可以引申出许多讨论，比如说如果要抑制和缓解纯粹由身体引起的痛，可能需要止痛剂，比如做手术可能需要麻药，但对于精神层面的痛可能就更为复杂，而且与每个人的个体性及其所处的具体境遇有更密切的关系。比如失业造成的社会身份感的不适，与文化认同相关的乡愁，以及存在论层面上更深的人生意义的困境，当这些不适和困境被感知为

"痛苦"时，总是个殊性的，以至于类别化的泛泛而谈都没有多少助益。

回到你刚才讲的社会性的痛苦，比如你提到的例子，失恋、失业或者人离开故乡的伤感，有什么相似之处吗？可以说是失去了自己习惯的确定感和熟悉的安置自己生活的方式，那么这种痛苦是什么？应该如何应对呢？

严飞：我特别想再提一下刘老师刚才说到的一个关键点，即痛苦与记忆的紧密联系。我们需要问，真的存在没有痛苦的人生吗？真的存在没有痛苦的社会吗？答案显然是否定的。记忆是可以传递的，当我们谈论痛苦时，会发现有些人经历了痛苦，而有些人则没有。那么，经历过痛苦的人是否能将他的痛苦传递给未经历类似痛苦的人，让他们感受到相似的痛苦呢？实际上这是完全可能的。法国社会学家莫里斯·哈布瓦赫（Maurice Halbwachs）便提出了"集体记忆"这一极其重要的概念，在社会学和文化研究中占据重要地位。所谓的集体记忆，指的是大家共同经历过相似的痛苦或暴力事件，例如南京大屠杀，这种经历在人们脑海中形成了深刻的记忆。这些共同的经历最终形成了一种集体的记忆，持续影响着每个人。

我想起我小的时候，最喜欢做的一件事情，就是在夏日的夜晚，在南京的城墙根下，搬一把小椅子，听那些扇着扇子的老人们，你一句我一句，聊南京的历史。那些激烈的过去、荒诞的岁月带来的暴力与伤痛、撕裂与呐喊，当夏日的晚风拂过厚重城墙上的藤蔓，大片的叶子簌簌抖动，都一道沉入老人们爽朗的笑声中，也许还偷偷抹了一把泪——你看，今天的风有点大，吹得我眼泪都出来了。

刘擎：所以集体记忆的叙事可以传播和扩展，不仅是属于那一辈人，也可以延伸到现在的年轻人，不仅可以在南京，也可以扩展到上海、到整个中国，如果我们的叙事足够有力的话，甚至可以抵达日本。

严飞：确实，**集体记忆最初通过叙事形式进行着代际传递，但随着时间的推移，这种记忆逐渐转化为文化层面的文化记忆**。我们通过各种仪式、符号象征以及社会表征来传递这些记忆和叙事。例如，尽管我们未亲身经历南京大屠杀，但每年的特定日期，全市鸣放警钟，并举行多种集体公祭仪式。这些仪式和符号在文化层面上就将这些记忆深刻地铭刻在每一代年轻人的心中。

换句话说，社会通过回忆的方式构建自我想象，并在这之后形成一种凝聚性的结构，将人们连接成为一个团体，在结构内部进行交流，产生认同。同时，这个凝聚性结构也把过去和现在连接了起来，将这个团体内人们共有的历史经验和文化意义固定下来，通过传递和延续影响着之后人们的行为。

刘擎：但是，为什么集体记忆成为必要甚至是重要的呢？特别是对于伤痛的历史，为什么要去回忆和铭记呢？当然，许多人都相信“忘记过去就意味着背叛”，所以要深深地铭记历史，用仪式化的方式把它铭刻下来，但也有不少人认为，不应该沉湎于过去的痛苦，如果总是在缅怀、追究、舔伤口，太不正能量了，沉湎于过去就没有未来。诗人泰戈尔有一句名诗：“如果你因为错过太阳而流泪不止，那么你也将错过群星。”听上去好像这两种说法都有道理。我觉得，对于触及深重痛苦的过去，如何记忆是一个特别复杂和困难的问题。尼采曾说，“我们必须知道什么时候该遗忘，什么时候该记忆”，这句话写在他的著名文章《历史的用途与滥用》之中，他接着说，“对于一个人、一个社会和一个文化体系的健康而言，非历史的感觉和历史的感觉都是同样必需的”。

积极主义的暴政

严飞：这引出了一个值得深入讨论的问题，即我们今天生活在一个被称为“功绩社会”的环境中。韩炳哲在《妥协社会》一书中明确提出，“我们生活在一个试图消除一切否定性的肯定社会”。

这句话有点绕，应该怎么去理解呢？我们发现，今天的社会一切都需要正能量，不给予人有痛苦的权利，企图把人们塑造成对痛苦极不敏感的，永远感到积极、幸福的功绩主体。个人表达痛苦会导致自己有一种羞耻感，是一种虚弱的象征。它是要被掩盖的东西，无法与功绩和谐共存。

刘擎：对，他讲的肯定和否定就是Positive和Negative，就是我们讲的正和负。韩炳哲有很强的黑格尔主义取向，主张所有的成长和发展都是辩证的，而辩证的发展必定需要否定性的力量，他在《爱欲之死》和《倦怠社会》等很多作品中，都贯穿着一个主张，就是强调否定性的力量，而当今的社会，大家都惧怕否定性，不喜欢消极，重视积极的、肯定性。但在韩炳哲看来，没有痛苦的爱情不仅不可能，而且根本不是爱情。**现在的社会确实是“功绩社会”或“优绩社会”，都是讲正面的情绪和能力，就像说爱情一定要像糖一样甜的。**

严飞：爱情不可以是酸的。

刘擎：酸都不行，那么苦和痛就更不能接受了，完全就没有情绪价值。而所谓“情绪价值”就是要让人舒服，舒服的感觉才有价值。只要有否定性的消极因素都毫无价值。他在《倦怠社会》中指出，**现在很多流行的文化产品都是痛苦的镇痛剂。**

严飞：对，迷幻剂。

刘擎：是的，韩炳哲的论述很有冲击力，但有时候我会感到他过于强调辩证发展中的否定性，也许是因为当下流行文化中的否定性过度匮乏，他可能过度主张了否定性的意义。想象一下，如果韩炳哲自己到医院去，比如做一个胃镜检查，医生说有两种方式，一种是最新的、先进的无痛胃镜检查技术，另一种是比较传统的检查方式，会有明显的强痛感，他会选择哪一种？他会选择比较痛苦的那种检查方式吗？因为现在我们已经被呵护得太好了，生命的所有方面都要把痛苦抹掉或者抑制，所以他会决心破除这种过度呵护，让自己体验身体最原初的痛，从而领会生命内在的辩证精神。韩炳哲会做这种选择吗？同样，一位母亲在生孩子的时候要不要选择无痛分娩？她会主张要从分娩的痛苦中更深刻地感受生命诞生的深厚意义吗？我不确定她真的会这样主张。我们需要以什么样的方式来面对作为否定性力量的痛苦？这种方式在什么意义上能成为激发生命成长的力量？回答这些问题可能需要比韩炳哲的批判论述更为复杂也更为平衡的思考。

严飞：其实是掩饰了人们表达痛苦的权利。在这一点上，我想再做多一些引申的讨论。前面提到，在“功绩社会”里，人们似乎失去了表达自我悲伤的权利，甚至变成了对痛苦的羞耻，对痛苦的表达成了一种社会忌讳。不知道刘老师有没有注意到，当下一些“顶流”的微信公众号中都会有一个叫作“夜读”或者“夜话”的栏目，固定在每天晚上10点推出。这些栏目会像“打鸡血”一样推送很多“心灵鸡汤”的小文章，不停地强调你要勤奋与乐观，强调必须看到人生的光明面。但是想象一下，我们今天的年轻人他们“996”下班回到家，劳累工作了一天想躺在沙发上休息，或者今天工作上有不顺心的事情，想痛骂一下不人道的公司制度，发泄自己的情绪。这时候10点整的心灵鸡汤来了，说你要积极乐观、美好地看待每一天，你要正能量——但是我今天真的不想正能量，我想稍微给自己一点放松；我今天非常沮丧，心情不好，我想和闺蜜、好友倾诉一下，想自己一个人待着。

这些心灵鸡汤是一种积极主义的暴政，仿佛在否认和抹去人们的痛苦和不满——我们今天不允许大家表达一些不积极的，甚至是悲观的、消极的东西，不允许大家反问、反思说我确实感觉工作是没有意义的，我承认自己做的是没有意义的工作不行吗？不可以吗？对不起，还真不可以。你必须保持乐观的态度，继续投入到积极的工作当中去。如果你敢于表达自己的痛苦，就可能被视为不符合社会主流。这种趋势让我越来越担心，当今的年轻人连表达悲伤和焦虑的权利都逐渐丧失了，这对他们的人生又意味着什么呢？

刘擎：表达痛苦可能并不能真正改变自己的工作处境，但至少让淤积的情绪获得宣泄，而且也有可能形成一些压力，来促进职场状况的一点点改善，虽然根本性的转变需要结构性的改革。对于个人而言，究竟什么方式更有利于自己从痛苦中解脱出来？是坦露和宣泄，还是回避和抑制不满？这是一个老问题了。直面痛苦，不耻于表达，宣泄出来，或许能平复情绪、安置痛苦，然后发展我们生命的积极力量，包括改变的努力。但另一方面，如果只有宣泄，无法采取任何行动来改变现实处境，那么反复的情绪宣泄也可能陷入沮丧状态，挫伤和销蚀自己的能量。所以，扭转沮丧状态的要点仍然在于改变现实，哪怕只有一点点改善。当然，我知道这非常困难。

严飞：这样就会走向一种极端，可能给年轻人造成更多负面的影响。我们如果永远点赞积极正能量，痛苦就会消失吗？积极主义看上去是在给予我们心灵的慰藉，其实恰恰相反，年轻人应该拥有更多的自主选择权。这种自主选择不一定总是有明确的意义，但可以提供一种松弛的状态。**松弛不是完全失去自我控制的松散形态，而是说在自己可以控制的一个边界里掌握自己的人生。**当人们能够主宰自己的生活，即使工作再忙碌和辛苦，也能感受到一种内在的成就感。正如作家舒国治在他的小书《理想的下午》中所说，**我们要做真实的自己，我们只有做自己以后，才能获得世界的赏识。**

刘擎：对，**直面痛苦也是打开真实自我的一个方面**，但其中有许多不同的态度。有些人抱着非常哀怨的态度，以无奈的、宿命论式的基调面对痛苦；有些人在宣泄之后则是想办法让自己行动，尽可能克服和超越痛苦的处境；当然还有一种论调是宣扬“吃苦是福”，许诺一个“苦尽甘来”的明天。在东亚的传统文化中，父母一辈对孩子的教育就特别强调吃苦的必要性和重要性，认为年轻人吃苦是有益的。中小学生大多在这种教育中应对“无穷卷”的竞争。

严飞：所以痛苦也是分代际的，老一辈更加习惯于隐忍，不会去主动谈论他们所遭遇的伤痛。

刘擎：对，老一代是这样的。现在的年轻人与他们的祖辈甚至是父辈都会有代际差别。比如，许多父母会开导孩子，认为领导让你加班，都说了“请你帮忙”，这已经很好了，这么点小事你老是抱怨，太娇气了。但年轻人大多有比较清晰的边界感，有敏感的个人权利的意识，对于“right”这个概念要比父辈和祖辈明确得多。

严飞：痛苦的体验不仅因代际而异，也与性别密切相关。在当代社会，我们会发现许多母亲在育儿过程中感受到了巨大的无力感和被剥夺感。尤其在讨论“母职”时，母亲们常常被社会预期压迫着要求她们扮演完美无瑕的角色，却往往无处诉说自己的苦楚。正如泓舟在其著作《我不想成为伟大的母亲》中所提出的，女性在育儿中羞于表达自己的痛苦，正是因为社会的规训要求把女性塑造成为一名伟大的母亲。

刘擎：对，你不要用一个“完美母亲”的模式来绑架我，这是非常有力的抵抗呼声。但同时我们也要分辨痛苦的多样性，痛苦不是一种东西，而是各种各样的。记得以前有段时间我会去健身房锻炼，有教练让你“撸铁”，还有做拉伸，也是很痛的，是生理上的痛。但做了这些活动，你突然感受到身体被打开了，这时我又会想到韩炳哲讲的否定的辩证意义。不去健身的时间是舒适的状态，但经受了健身房的“折磨”，走出来的时候是另一种舒适状态。好像我会更喜欢后一种状态。

严飞：但这里也要明确一点区别。刘老师刚才描述的案例中，去健身房健身的痛苦是我们主动选择的。然而，很多时候我们遭遇的痛苦是非自愿的，是被强加于身的一种被动承受。

刘擎：说到自愿与强制，这里也存在着某种辩证性。因为我开始去健身房也是被家人“强迫”的。但直到我去健身之后，才亲身感受到身体被“打开”的体验，体会到另一种境界，然后最初的强制后来就转变为自愿。这种情况是存在的，但这种模式也不是普遍有效，并不能举一反三。比如，在基础教育中，强迫你牺牲睡眠和娱乐，每天超过10小时刷题应试，最后你会自愿、甘之若饴吗？并没有。**这种“吃得苦中苦”的强制，必须以**

达成"做得人上人"的功效才可能维持。健身锻炼中身体的痛苦，能够让否定性的力量冲破你身体原来那种不健康的舒适状态，带你进入一种新的、更健康的舒适境界。但即便如此也不能过度。像有些竞技体育的选手，他们经历了某种暴君式的残酷训练，甚至获得了优异的比赛成绩，但其实对他们的身体造成了摧残。所以，痛苦这个话题值得讨论，因为它有复杂的多样性，也有多重丰富的面向。

严飞：在文化层面上，东亚社会特别强调吃苦的重要性，并将其作为一种美德来推崇。但恰恰相反，**我们不应该为痛苦加上滤镜，把吃苦当成礼物。**

刘擎：我也怀疑，我们到底有没有"善于吃苦"的传统美德。我曾听到一位朋友对此质疑：中国人真的吃苦耐劳吗？如果我们真的将吃苦耐劳视为美德，为什么现在有那么多家长会逼迫孩子那么"卷"？他认为家长要"卷"的根本动力，就是决意要让自己的下一代彻底告别"吃苦耐劳"的生活。他们教育孩子有一个典型的场景，就是在街上遇到清洁工、快递小哥或工地上的建筑工人，家长就让孩子停下来仔细看，然后告诫孩子："你看，如果不好好读书，你将来就做这样的重体力工作，过这样的辛苦日子！"这是鼓励孩子吃苦耐劳吗？这是用吃苦耐劳来威胁恐吓。

严飞：我曾在我的著作《悬浮：异乡人的都市生存》中提到过一个真实案例，讲的是一位“00后”的年轻人在北京工地上安装门窗的故事。有一年，为了整修学校分配给教师的公寓，我请了一位门窗安装师傅来帮忙。装修结束后，师傅问我是否可以加一下他儿子的微信，希望我能与他交流一下学习方法。这位师傅来自江西，他的儿子名叫军军，当时正在当地一所学校读高三。随后，通过微信，我和军军开始频繁地交流。我发现，军军内心有着非常强烈的愿望，希望能够把书读好。他告诉我，他的父亲外出打工，母亲则留在家中照顾整个家庭，特别辛苦。作为家里的第一个孩子，军军希望自己能把书读好，找到一份好工作，从而让父母轻松一些。这种真诚的愿望让我非常感动，因此我也尽我所能保持与他的联系，希望能为他提供帮助。

到了七月份，高考成绩公布，军军兴奋地告诉我，他的高考成绩超过了五百分。那一刻，我为他感到非常高兴，觉得他终于可以实现自己的梦想了。然而，次年春天我在北京再次见到他时，情况并没有按照我们预期的方向发展。作为留守儿童，军军特别渴望能与身在北京的父母团聚。因此，当高考成绩公布后，他决定填报北京的大学。他告诉我，填报志愿的时候，他是用皮尺去丈量哪所学校距离父母在北京的出租房最近，以这个为标准去选择的。他的父母住在双桥地铁站边上的一个城中村，而距离这里最近的大学是中国传媒大学，于是他就填报了中国传媒大学，结果自然是未能被录取。落榜以后，他仍然决定要来北京，和父母在一起。最终，他也像他父亲一样，在北京的工地上成了一名安装门窗的师傅。

刘擎：子承父业。

严飞：或者借用社会学的一本书名，可以称之为“学做工”——跟着父亲学习安装门窗。我和军军一直到今天都还保持着密切的联系。他虽然放弃了上大学，但是他非常喜欢读书，还是想走一条与父亲不同的道路。有一天他告诉我，他想参加成人自考。

刘擎：成人自考很难的。

严飞：他前两门已经通过了。现在最大的障碍，是他的父母觉得你不要做这个事情，读书没有前途，你读这么多书有什么用？到头来还不是要跟着你爸一起安装门窗，还不如现在就老老实实跟着你爸学好安装门窗这活。而且在他父母看来，军军已经到了结婚生子的阶段，所以也一直催着他赶紧回老家相亲，早日成家要娃，别老想着读书。

刘擎：那么军军的动机是什么？他为什么不想子承父业？是那个工作太苦还是感到不太有意思？他对自己生活的想象和前景又是什么？说到苦，读书也很苦啊。

严飞：读书虽然也苦，但是军军真的喜欢读书。有一次他告诉我，他最近正在读加缪的《异乡人》，尽管他连续看了两遍，仍然不能完全理解，但是，他依旧认为这是一本特别好的书。他觉得，自己非常契合加缪笔下的“异乡人”的状态：那种被世界孤立而又无援的无助。还有一次，他和我讨论起了龙应台，他最喜欢的是龙应台的《孩子你慢慢来》。

军军好几次都给我发来了很长的短信，我在他身上感受到了深深的焦虑、纠结、挣扎和痛苦，几乎无处逃避。他说：**“我是一个在灯火琉璃的都市里明明存在，却没有人看得到也没有人需要的北极星。”**这是一种怎样的痛苦啊。这种痛苦源自他想摆脱父母对他的规训和要求，但似乎又难以彻底脱离，因为他还需要依赖着他们。他渴望做出自己的选择，比如选择继续学习，尽管知道学历并不一定直接等同于社会上的“成功”，但这是他自己选择的人生道路。他想要改变，不想再只是日复一日地安装门窗，至少他不想仅限于工地上的工作；他还希望，通过学习外贸和英语知识，将门窗生意拓展到海外，进行一些全新的尝试，而不是继续从事像他的父亲和祖父那样的传统体力劳动。

刘擎：至少我们在这里看到一种痛苦，就是强制。你有一个心愿，发自内心的心愿，甚至是经过反思的一种愿望，但它被压制，那么就会感到痛苦，这种愿望可以是多种多样的。比如在当代社会，一个女性不想结婚，也不想生孩子，她有一个强烈的渴望，就是做一个不受家庭约束的独立自由的人；那么，无论社会通过怎样有力的规训，无论父母亲友多么苦口婆心，强制她去过多数人一样的结婚生子的生活，她仍然感到这是一种痛苦。**强制是自由的反面，这种痛苦是丧失自由的痛苦。**

从痛苦的体验中发掘生命的意义

刘擎：我们探讨了痛苦的许多现象，但我们并不是在这里提供一个关于痛苦的课程，然后给大家一个应对痛苦的标准答案。痛苦对人类是永恒的问题，对个体也是如此。**因为人是一个脆弱的物种，不仅因为人终有一死，而且因为人没有坚如磐石的本质，人的存在是不断“成为”（becoming）的历程，人的生命总是有待完成的，直到死亡。**而成长总是跟某种否定性有关系，所以把痛苦从我们的生命里彻底抹去，这既不可能也未必可欲。

痛苦是非常多样的，有生理层面、社会层面和心理层面的维度，还有与哲学相关的思考。我们也发现，痛苦对人生的体验和意义也是多样的，对待痛苦的方式其实也是如此。但我们仍然可能提出某种倾向性的看法，有些应对痛苦的方式不太可取，比如完全沉湎于痛苦，或者彻底回避痛苦，我们还可以探索有什么更可取的应对方式。你刚才提到社会学意义上的一种痛苦——社会性痛苦，无论是在人际交往中、社会联系中，在工作中还是在亲情亲密关系当中，对待社会性痛苦，可取的方式会是什么，不可取的方式又会是什么？

严飞：可取的方式，我不一定可以给出很好的建议，但是不可取的方式我觉得可以稍微谈一谈。大家会有不同类型的、不同程度的痛苦，比如爱情失意、工作失败，或者和父母大吵了一架。很多人说我不如做一只鸵鸟，把头埋在沙子里假装看不见，这样就可以忽视掉痛苦，这种方式其实是种自我麻痹。**痛苦隐藏在生活的缝隙里，我们即便像鸵鸟一样埋在沙子里，痛苦还是无法止住。**

还有很多人试图通过疯狂购物来缓解或消除内心的痛苦。例如，许多女生在经历失恋后会倾向于暴饮暴食，而男生则可能沉迷于电子游戏，不断地升级游戏装备。**在今天的消费社会，消费主义似乎为我们提供了一种把痛苦解决的幻觉，买买买就是生活不如意时的灵丹妙药——但事实上，消费主义只是一剂止痛药。痛苦不会消失，药效过后它会像潮水一样再次涌现，**

淹没一切。

刘擎：消费作为转移痛苦焦点的方式，有暂时缓解的作用，有时是必要的，吃巧克力或吃冰激凌来应对失恋，或者大哭一场，都行，但这终究是一种对自己的搪塞。用消费搪塞痛苦，会有两个负面的反弹。第一，如果你把它搪塞过去了，那么在以后你就必须不断地以购买和消费的行动来搪塞新的痛苦体验，你需要有足够的经济和时间资源来持续承担源源不断的消费，否则你就会崩溃。**因为消费作为拦截痛苦的那个堤坝是非常脆弱的，消费体验一旦停下来，引发痛苦的那些记忆会像潮水一样涌过来，让堤坝决堤。**第二，如果你把消费当作医治痛苦的良药，那么你终将发现，这药本身会引发严重的病痛，你会承受消费主义的痛苦。鲍曼在《工作、消费主义和新穷人》一书中就曾提到，消费很容易引发跟人攀比，然后你会发现消费能力不足。如果热衷于消费，那么消费能力永远不够，对绝大多数人都是如此。因为你的购买力与你跟人攀比所期望达到的那种消费水平相比是永远不足的，这时候就对你构成新的压力，然后就会失落、挫败和沮丧，形成了新的痛苦。**你本来用消费来抵挡痛苦，但是它却成了新的痛苦的来源。**

严飞：有些年轻人还会选择用消费贷，通过借贷的方式来透支自己未来的消费能力，这种做法往往只会让痛苦短暂消失，最终反而加剧了他们的困境。在这里，我想分享一下当我面临痛苦时，我是如何应对的。

前面我们不是讨论过，人生哪有不经历痛苦的呢？我在大学阶段曾经有过一段艰难的爱情，于是也沉湎于电子游戏不能自拔，通过打游戏来麻痹自己。然而，打游戏并不能真正解决痛苦。对我而言，一种更有效的方法是写作，包括写日记和写信。我写了许多许多信件，那是我情感表达和自我疗愈的一种方式。

刘擎：写给谁呢？

严飞：有一些写给高中的同学，男生女生都有，而且是有来有往。写信的魅力在于回信——写出去的信必须得到回应。我不确定刘老师在1980年代是否也有这样的书信往来。在我们那个年代，我们不仅会给熟悉的朋友写信，甚至会与网络上素未谋面的朋友互相通信，这真的是一种独特的交流方式。

刘擎：是电邮？

严飞：那时候没有电邮。我上大学那会儿，上网要到学校的机房，并且学校规定每周只有一小时的上网时间，所以要聊天的话，只能写书信。

刘擎：得到人家一个地址，然后就写信。

严飞：许多年轻人可能难以想象，今天我们一条短信发过去，马上对方就可以有回应。但当时我们没有这些技术条件，就用最原始的书信的方式，和远方的朋友做笔友。书信真的可以呈现那一刻的感受，将许多经历和想法一一通过文字来呈现。后来又开始写日记，大学期间，我甚至还专门租了一台非常陈旧的586或者是686型号的电脑，放在宿舍里，在电脑上写日记。

刘擎：586已经很先进了，我第一次用的还是286电脑。

严飞：后来，我逐渐意识到日记既然是在记录自己的故事，为何不尝试着换一种写作方式——小说？在小说中，我能将自己的经历和情感完全融入故事里。

刘擎：那些小说有发表吗？

严飞：全部都是“抽屉文学”。通过写小说，**我将自己投射到一个虚拟的人物身上，在文字的世界里肆意遨游。**所以在很长一段时间里，我一直以为我会成为一名放荡不羁的作家——**我所热爱的，是在那“自由而无用的灵魂”穿透之下，所指向的一切和艺文有关的糅杂**——譬如小剧场里的诗歌朗诵，配上独立乐队的练习曲；譬如咖啡屋里的哲学与欧洲电影，配上灰暗和明快交织在一起的混搭色彩。这种对于不着调、无约束生活的近乎偏执的热爱，一直影响我到今天。当别人在跑数据、画图表、读文献的时候，摆在我手边阅读的，却是各种小说和诗歌。

刘擎：这些小说现在还在吗？

严飞：在，都在电脑里，手稿被我收藏了起来。

刘擎：大家记住，严飞老师将来肯定也会成为杰出的大学者，说不定他在青涩年代写的文学作品最后会出版的。

严飞：这些都是青涩时代的文字记录。我认为这些记录极为重要，它们帮助我在那个阶段通过文字的形式，将一些负面的情绪，譬如焦虑、烦躁和悲伤缓慢消解。文字成了我的情感载体。当我回顾这些文字时，我发现那些曾经的痛苦已不再让人伤心，反而变成了珍贵的青春回忆，这让我觉得非常有趣。所以我一直觉得，处理痛苦的最佳方法，可以是记录、讲述，不以为羞耻，哪怕没办法说出口，也要告诉自己正视痛苦。正如作家齐邦媛在《巨流河》中写道，“回应时代暴虐和历史无常的最好方法，就是以文学书写超越政治成败的人与事”。

刘擎：现在大家特别喜欢讲“疗愈”和“治愈”。治愈的对象范围很广，痛苦可能是其中非常重要的一种。我前面说过痛苦是很特别的感受，总是跟你自身的感受、态度和认知方式有关系，它不是外在的客观对象。于是会有一个蛮奇妙的现象，痛苦来临的时候、冲击你的时候，与最后它对你产生的影响，可能是非常不同的。痛苦袭来是一个时刻，开始你会有非常直觉的应激反应，之后你会以许多方式来应对，尤其是精神上的痛苦，像严老师提到的写日记、书信和小说的方式，也有人去旅行。这些应对就能转化痛苦对你的影响。你看，当我“应对”痛苦的时候，好像是将痛苦外化为一个客观的物，这是语言的误导，其实痛苦总是和自我在一起的。但反思性的认知，的确能在意识层面将痛苦外化和客观化，这样配合其他活动和时间的力量，不仅能缓解痛苦，而且能从痛苦的经历中获得教益。

对生理上的痛苦，我们本能的第一个反应是逃避和缓解，这是生物演化的结果。但即便对于生理的痛苦，认知也可能会有帮助。我第一次感到生理上的痛苦是拔牙，当时的麻药好像失效了，直觉就是很痛。当时我怎么办，就是非常“理性地”反思自己的痛，告诉自己：痛感只是感觉，无非是我的神经系统发给我大脑的一个信号，能感受痛是进化选择的结果，没有痛感的生物容易受到伤害，可能就会灭绝，所以人类会有痛苦的感应机制。这其实是电流，而我并没有危险……这样“说服”自己的时候，好像把自己的痛感外化了，从主体感受中剥离出来了，痛感就被化约为物理主义的神经系统的反应，这样好像就更能忍受一点。

我相信，对于应对心理的、社会性的以及生存论意义上的痛苦，主观态度和认知能起的作用可能更大一些，有不少应对的方式，每个人都有自己适宜的偏好。就我自己而言，面对精神层面的痛苦，和严老师采取的方式差不多，都是通过写作。我们那一代有许多人有写信和写日记的习惯。我到现在还会写日记，不过现在主要是流水账记事情。

严飞：未来会出版刘擎老师的日记。

刘擎：才不会呢！在我看来，**失败感可能是痛苦的一个重要来源**，我自己的感觉是如此。无论是你想要成就的一项事业的目标，还是你在感情上寄托爱恋的一个人，如果你付诸了巨大的努力，那些深切和强烈的愿望还是没有达成，就会在精神上产生强烈的失败感。那么这种失败感我自己怎么应对呢？一开始也是挺幼稚的，就是启动一种防御机制“否认”，就是说这件事情对我不重要，没有达成也没关系，这样就否认了失败。但是人真的能逃过自己吗？反正我不行。特别是想起鲁迅写的《伤逝》，男主人公涓生总觉得背后有另外一个声音，其实那是自己的一个声音。我无法躲避这种声音，**我能治愈的失败感都是以极端的方式直面自己，就是把失败的经历一步步拆解开来，钻到所有的细节里，甚至可以说是对自我剖析有点沉湎，为的是辨析哪一部分会令自己紧张和恐慌，有些可能会感到羞耻或愤怒，然后就把这些最有痛感的细节反复揉碎和咀嚼，直到我有能力从容，能将这些细节放置到整体的自我叙事中，这时候我就觉得自己能超脱失败的痛苦。这就算治愈吧。**

严飞：这是一种高度理性的做法。

刘擎：不完全是。这种过程时常带着强烈的情绪，是自虐的。因为你明明经过了一场失败，但你还要反复细致地重温那些失败的痛楚，这是非常“虐”的。**我对痛苦的治愈过程，几乎总是经由更痛才可以走到解脱。**我想，肯定有人比较“心大”，更容易就能超脱了。现在年纪大了可能也容易些。但在少年时代，因为一次考试或者什么比赛的成绩不够理想，就会特别和自己较劲。后来我也发现，这种方式很耗能，如果能有一点“得过且过”也可以。孔子讲中庸之道，亚里士多德讲中道原则，这些道理很早就会背诵，但在很长时间内仍然不是自己的道理。**我是通过很多痛苦的历练之后才慢慢明白，什么样的事情要投入多大的精神、情感和智识的精力才是恰当的。**分寸感和比例原则都是很重要的，但在这方面我其实很晚熟。

集体的心灵培育

严飞：今天到现在为止，我们讨论的应对策略都集中在个体层面的痛苦。然而，当我们将视角上升到社会层面，我们便会看到集体性的痛苦，譬如灾难和疫情造成的情感和社会创伤。这种集体性的痛苦源自我们所有人都经历了同样的苦难。在整个社会都感受到痛苦时，一个可能的解决方式是通过共同承担来应对。我们要从创伤的经历中获得复原的力量，就需要进行一种集体的心灵培育，比如说灾难之后的心灵重建、社会网络的重建，等等。通常我们讨论痛苦的对立面是快乐，如果快乐和快乐之间可以传递，那么痛苦与痛苦之间的相互体察，能够让我们在原本的畏惧中生出敏锐，长出勇气。此外，我们还需要重新审视并强化周围的人际关系和社会网络，社会网的连接意味着你不再是孤军奋战，而是可以与他人一起，借助集体的力量来抵御这些重大的社会痛苦。

刘擎：个体层面的痛苦特别重要，因为哪怕是集体性的痛苦，至少在某些时刻也需要一个个单独的个人来承担。同时，我们也要重视社会层面，很多痛苦确实是因为社会环境和条件造成的，或者源自社会性的历史事件，比如人类历史上的自然灾害、疫情流行，以及战争。无论是对于个体的还是集体的痛苦，我认为寻求真相以及基于真相的解释是应对与化解痛苦的重要部分。获得真相并不容易，但一个健康的社会应当具备一起探索和接近真相的良好机制，这是公共生活的一个品质。**对于痛苦，特别是造成了伤害的痛苦，寻求真相在大部分情况下是必要的，在真相澄清之后才能判断责任，然后才有可能走向治愈。**

那么，痛苦治愈的标志是快乐吗？我们能够以快乐来治愈痛苦吗？我不太确定。在我看来痛苦的反义词并不是快乐，虽然在直接的字面意义上似乎就是快乐。我觉得可能没有一个现成且准确的词可以作为痛苦的反义词。如果非常主观地来选择，我觉得“解脱”或者“超越”才更恰当吧。从无论是个人的还是集体的痛苦中走出来，意味着什么或者有什么标志？我觉得是一种“解放”的感觉，就是能发展出一种自由精神，能把自己从狭隘、仇恨和卑微的状态中解放出来，特别是从自己的羞耻感中解放出来，因为痛苦和羞耻是有关联的。另外，也能从自己的经历中“由己及人”，通过自己的痛苦来感知别人的痛苦，达成更深的同情理解。像失业和失恋对人最大的打击是让你觉得自己没有价值，而**真正的治愈是要让你从自我否定的经历中发展出自我成长的积极力量。**

严飞：大家会觉得自己过的是毫无意义的生活。

刘擎：超越痛苦是非常不容易的，需要情感和智识的双重努力，而且最好能获得支持和鼓励的资源。刚才严老师说到的一点也特别重要，就是一种集体的心灵培育，它需要一个健硕的公共领域。

严飞：这点我非常同意。我记得疫情里有一段时间，几乎没有办法坐在书桌前继续自己的学术工作，心情非常痛苦，眼泪不自觉地流下来。这种痛苦，是代入式的痛苦，更是一种悲愤式的痛苦。我知道，在大的时代浪潮里，个体是渺小而无力的。但我希望，我们都至少可以做到保持善良而坦荡，时常提醒自己内心的良善与公义，这样我们就不是毫无选择、毫无力量的。

刘擎：这就是知识分子、人文学者、教育工作者和文学艺术家，包括舞蹈、音乐和视觉艺术的人文，共同建构的一种社会的公共空间。这未必是物理空间，也可以是网络空间，能够汇聚大家的关切和不同意见，不仅能够相互理解，而且能够彼此转变，形成更好的公共生活。

严飞：哪怕仅仅做出一点点微小的改变。

刘擎：是的。友好健硕的社群和公共生活对个人和集体的痛苦遭遇都是一种治愈的资源。**在这里，所谓“疗愈”并不是以忘却和回避的方式获得“释然”的心态，从根本上，如果要真正“解脱”，那必定是一种成长，走向一种更健硕和更丰沛的心灵养成，在公共生活中就是一种公民精神。**昨天我又见到桑德尔教授，谈起他现在付诸努力的最大事情就是公民教育。任何社会都存在问题，但如果公民能够在公共生活中获得智性和美德的成长，那这个社会就有希望和活力。我们今天谈论的痛苦不仅是个人问题，哪怕是个人的痛苦也几乎涉及社会层面和公共生活的维度，这个维度甚至是更加重要的。我们今天没有给大家什么灵丹妙药，但希望通过这次对话和讨论能给大家一些启发。

7

反智主义
是
我们的时代病吗？

面对反智主义的潮流，知识分子的一个重要目标是要建设一个更好的公共讨论的环境，促成一个平等的、理性的、善意的、真诚的、为了相互理解的公共领域，这是良好的公共生活的条件，也是知识分子艰巨的责任。

刘擎：前段时间，在一段为纪念“五四”青年节制作的公益视频中，我们看到了一个有意思的态度，不是迎合大众趣味而是反思性的态度，邀请大家反思社交媒体上各种迎合流量需求的“内容输出”，这种内容可能打造出“爆款”，掀动一种狂欢式的话语和情绪，但完全缺乏真实的思考和讨论。看了那段公益视频，激发我们想要重新讨论反智主义的问题。反智主义的问题好多人也谈过，两三年前我跟许纪霖老师也专门做过一次对谈，但在今天我觉得仍然有必要重新回顾反智主义这种现象、它的发展脉络以及针对反智主义的应对方式。

严飞：特别是在今天这个“娱乐至死”的年代，流量成了至高无上的标准，拥有高流量的内容便是王者，而缺乏流量的内容，即便关乎事实的真相，也似乎变得不再重要。

刘擎：现在创业和就业都不那么容易，但是搞直播带货好像看起来是特别容易的，门槛很低就可以上手（实际上也并不是这样）。所以有各种各样相关的课程、培训和招数，只要能抓住眼球，只要能吸引流量。在这样一种情态下，包括严老师和我在内的一些学者特别关注公共领域的话语品质：公共言说到底要不要有一个底线或者是不是应该确立某种标准？我想先请严飞老师谈谈，你对反智主义是怎么看的？

严飞：我们首先需要明确反智主义的定义。所谓反智，一方面可以从字面上理解为反对智慧、反对智力，反对一切与思想和智性相关的事物；另一方面，反智还表现为对知识分子的怀疑和鄙视，反对知识分子所倡导的行为准则。

刘擎：对，我们先来澄清“反智主义”到底是什么意思，这是社会学家或历史学家使用的一个概念，英文叫anti-intellectualism，这个术语为人所熟知，大概要归功于美国一位思想史家理查德·霍夫施塔特（Richard Hofstadter），他在1963年出版了一本书《美国生活中的反智主义》（*Anti-intellectualism in American Life*），非常有名，并具有持久的影响力。反智主义乍一听有点不可思议，人人都想做聪明的人、智慧的人，有谁会要“反对智慧”，这样一种奇怪的现象怎么会出现呢？

严飞：普通民众对知识分子的反对，实际上反对的是其背后的“精英主义”（elitism）的立场——智识并不是一种特权，我们不要精英主义思维，我们要打破精英主义的思想桎梏，以拥抱普通人的生活方式。

刘擎：的确，反智主义针对的是精英，特别是学院派的知识精英。表面上看这不可思议，因为大家都要追求智慧，咱们老百姓都会要求孩子有知识、懂道理，好像这些都是人生值得追求的目标。所以，反智主义不是主张不要学习知识、不要追求智慧，而是指一种特定的现象：对智识主义（intellectualism）这种精神或态度的不满，用霍夫施塔特的话说，“反智主义是对智识生活，以及那些被认为代表这种生活的人抱有的怨恨和怀疑”。那么什么是智识呢？那本书对智识（intellect）和智力（intelligence）做出了区别。intelligence是指智力、智商，具有通用的实践性，通俗来讲就是聪明，比如判断、分析、证据、推论等；说一个人聪明，就是在描述intelligence。而intellect是一种特定的智性活动，霍夫施塔特说，“智识是心灵之中批评性、创造性和沉思性的那一面”。智识更侧重于“二阶思考”，具有哲学性的反思气质。这两种观念有明显的差异。高智力的人可以是低智识的，但高智识的人很难是低智力的。具有智识精神和态度的人，似乎和普通人不同，好像在过双重生活：**他生活在我们时代的洪流中，同时又能够抽身而出，和当下的生活保持距离，反思自身所处的环境和自己的生活。**这是一种具有反思性和批判性的哲学气质，被称作intellectualism，正是这种特定类型的精神气质，在大众眼里有一种高高在上的意思，感到和自己格格不入。所以，智识主义常常被视为精英主义。

严飞：霍夫施塔特出版《美国生活中的反智主义》之后，社会学界也诞生了一本经典之作——兰德尔·柯林斯（Randall Collins）的《文凭社会》（*The Credential Society*）。这本书揭示了1960年代美国教育扩张带来的文凭贬值的社会现象。过去，上大学被视为精英的象征，大学毕业生很容易找到舒适的工作，轻松晋升为城市中产，实现所谓的“美国梦”。然而，伴随着高等教育的普及，文凭逐渐贬值。根据当时的一项统计，全世界大学总数中有三分之一的院校都是在“二战”结束后设立的，1960年代以后，所有发达国家中18—21岁进入大学的青年占同龄青年的比例都超过了10%，有些国家超过了20%，美国更是接近50%。在所谓的“高学历社会”下，预期的经济增长并没有应运而生。相反，当越来越多持有高学历文凭的人涌入就业市场，竞争开始变得异常激烈，失业率不断攀升。这也意味着，文凭的相对价值在下降。这使得很多人开始质疑：既然我也拥有知识和文凭，为何那些学院里的知识分子就能指导社会运行？为何他们的知识就能主导我的知识？

刘擎：那么，反智主义为什么会兴起呢？这里面有很多种原因，一个是随着工作的技术含量提高，要求劳动者接受一定的专门训练，训练合格就会获得一张证书，就可以上岗工作。但是当这个技术的要求越来越广泛，而且层次越来越高，就会有各种不同级别的文凭，对文凭的要求也就越来越普遍，伴随而来的就是整个大众教育的兴起，包括高等教育的大众化。结果越来越多的人都已是属于受过良好教育的人，但仍然感到只有一部分人在公共领域中似乎享有更多的话语权，他们的言说方式好像总有点精英姿态，因此在大众中间就产生了对知识精英的不满和抗拒。这当然是现代的现象——大众的平等意识对文化精英的特权的不满。同时要注意的是，**反智主义不只是一种反感或不理会的态度，它本身也可以成为一种话语，一种反智主义的论述也可以进入公共领域，是一种公共表达或者情绪。**

严飞：甚至在很多情况下，它并不是与知识本身紧密相连，而是与社会或文化的时代潮流相结合。我们常常会觉得学院派的这些精英主义学者的表现显得不太雅观，他们自认为站在了知识的制高点，于是难免会产生一种“想象的”优越感。优越感并不是什么值得夸赞的高雅趣味，却偏偏被学院之人奉为高于大众的精英式标签，会在不自知中滋生出不少娇宠的学院气、傲慢气，把自己想象成见多识广、全知全能的“懂哥”，身体里处处流淌着知识的高贵血液。

其结果，是很多知识分子喜欢越界，超越专业知识的门槛，在自己本不熟悉的领域里妄加评论。可是他在自己熟悉的领域里所运用的那套解释逻辑，到了其他领域里就不一定再适用。比如一名社会学学者，对经济学不甚了解，却非要跨界去讨论经济发展问题；或者一名经济学教授，却在疫情、疾病传播等领域发表意见。我认为，这样的跨界讨论，因为理论与实践往往脱节，就会引发很多问题。

刘擎：对，这里边有一些非常细致的区别。所谓反智主义包含着一种很强的不信任的态度，继而可能产生反感和攻击。这是对某种知识精英的不信任，可能是讨厌你的那种言谈论述的方式，或者怀疑你表达的内容和观点。那么，不信任是如何产生的呢？

一个原因是大众往往认为知识分子只讲道理，不注重情感。在许多知识分子看来，人们的情感体验都是个别的、暂时的和偶然的，是不重要的；重要的问题在于人类深层的理性结构，这就造成了知识分子（特别是强调理性作用的知识分子）与大众之间的认知差异。另一个原因，是严飞老师刚才提到的专业性的问题。知识分子总是不得不越界发言——谈论自己专业领域之外的主题，这是知识分子与（狭义的）学者之间的区别。严格意义上的学者都是术业有专攻，只对自己专业领域内的问题发言，且主要对同行发言。而知识分子要对更广大的人群说话，面对更开阔多样的公共议题发表意见，总是跨专业的。比如，严老师是社会学家，那么你如何谈论经济相关的问题，或者医学相关的问题？我能不能信任你呢？如果我们要探讨一个比如说疫情防控管理的措施，需要什么专业呢？大多数公共问题都是跨专业的，任何单一领域的专家都不得不“越界”发言。

另一种重要的不信任是质疑知识精英的道德。怀疑你的观点和论述只是为了满足自己的私利，为了维护自己的特权，等等。

道德上的不信任更具有颠覆性，所以，不信任构成了反智主义的内核。

严飞：从这点上来看，我们是不是可以说其实当知识分子在道德上立不住脚的时候，他自己也犯了反智主义的毛病。

刘擎：道德立场的问题格外困难。知识分子的批判精神往往与主流的某种规范、某种趋势出现差异，有时是对立的。许多时候知识分子被认为脱离群众，对共同体不够忠诚，特别是在政治极化的时代。比如，霍夫施塔特在书中提到，苏联与纳粹德国在1939年秘密签订了《苏德互不侵犯条约》，当时美国民众已经有了非常强的反苏倾向。但美国仍然有400名自由派知识分子在《国家》杂志（*The Nation*）发表联合声明，反对把苏联视为极权主义，这跟美国公众的普遍感知相当抵触。就是在“二战”结束以后、“冷战”刚刚开始的时候，美国有相当一部分知识分子非常同情苏联，认为苏联代表一种美好的社会愿景，这种看法在大众当中并不流行。后来，麦卡锡主义者用这类发言作为证据，断言自由派和左派的知识分子不忠于美国，甚至是叛国的。

哈佛燕京学社曾经资助的一位学者，就是内亚研究的著名专家欧文·拉铁摩尔（Owen Lattimore），也曾遭到麦卡锡主义的迫害。他在1950年到1955年间两次被审查，承受了深重的精神痛苦。还有一位就是我们比较熟悉的奥本海默，在1953年到1957年间也经历了长时期的对其忠诚问题的审查。

严飞：我们这一年在美国的校园里也经历了很多反智主义的荒诞。

刘擎：如今在美国大学当中，大概有80%的学生和教授属于左翼立场——那种进步主义或者说左翼的自由派。而在大众当中持有这种立场的人口大概只占三分之一。许多人会感到，知识分子脱离了他们的日常生活，甚至背离了他们信奉的“美国精神”和“美国价值”。如果这被看作知识分子有背叛本国精神的嫌疑，那么便会产生公众对知识分子一种非常深刻的道德上的不信任。这是很难解决的问题：知识分子对社会主流意见常常会有批判性的距离，而大众意见（特别是在特定的引导下）对批判精神会有一种不信任，这个矛盾很难化解。

归纳总结一下，**在普罗大众眼中，知识分子有三种特征：第一，脱离实际，往往喜欢抽象的谈论，过于书生气；第二，重理智而忽视情感，这种冷漠也与大众格格不入，是脱离群众的；第三，他们往往批判流行的价值与信念，对道德和价值原则构成了威胁，也会让人质疑他们的国家认同和忠诚。知识分子的这三个特征（或刻板印象）让大众觉得不可信任。**

严飞：讲到这里，我们可以再简单梳理一下反智主义为什么会兴起。实际上，这种现象是在两股力量的推拉作用下产生的：一方面，知识分子与大众的距离越来越遥远，不自觉地滋生出一股想象的优越感；另一方面，随着文凭社会的诞生，大众整体的知识水平也在不断提升，对单一话语权产生了更多的质疑。

反智主义和知识权力

刘擎：这涉及的是反智主义跟晚期现代性的关系。以前无论在哪个年代，有话语权的人和传播权的人，总是少数，他们要么是官员，要么是知识精英，总归是精英阶层。后来随着“文凭社会”的来临，越来越多的人有了论述能力，有了对公共问题发表自己看法的能力，但仍然没有发布权，他们必须投稿，等待审阅。在美国，你要在《纽约时报》《华盛顿邮报》《华尔街日报》或者上电视发言，门槛非常高。到了1960年代，公共参与很活跃的时候，正式发表的渠道仍然非常有限，总有“把关的人”（gatekeeper），有一个门槛在那。然后到了1990年代后期，网络时代的开始，就让个人发表意见的门槛大大降低了，到了一个史无前例的程度。

严飞：互联网的兴起实际上宣示了去中心化时代的到来，任何人都可以发表自己的看法，完全零门槛。这就意味着知识获取的渠道更多样，固有的垄断式的知识传播途径被打破。我们刚接触互联网的时候，有许多开放的BBS论坛，比如天涯、西祠胡同，大家每天都泡在里面聊天、讨论，甚至是争辩。无论你是大学教授，还是在读的学生，抑或就是单纯地对某一个话题感兴趣，都可以热烈地参与其间。换言之，去中心化给了民众话语权，如果没有互联网，普通人很难迈过那道举手发言的门槛。

刘擎：我觉得BBS的时候仍然有某种知识等级在那里，因为你组织一个论坛，运作一个BBS，仍然有一点是在延续传统的那种对知识权威的尊重，虽然它是一个比较隐性的规范。现在就完全不一样了。比如说拍短视频，一个教授根本拍不过一个灵活聪明的高中生、大学生。所以，**在知识权力的意义上，一个民主化或平等主义的时代已经来临。**

严飞：在这里我们还可以区分一下专业知识和普通知识之间的差别。专业知识，如解剖学、天体物理、分子生物学等，通常都是高精、尖端的，普通人难以接触，需要系统的高强度专业化训练才能获得；而普通知识则是日常生活中常用的、无须专门教育即可获得的知识。这类知识涉及的范围更加广泛，通常与个人的日常经验和兴趣爱好密切相关。特别是在当今这个去中心化的文化大众时代，我们发现每个人都能在自己的专业细分领域中发挥作用，无论是旅游、烹饪，还是其他生活技能，从而形成自己的私域能量场，并建立起一个志趣高度集中的社群。比如我有一个学生非常喜欢哲学家拉康，他就在网上自己开了一个账号，每隔几天分享一段自己对于拉康作品的讲解，迄今已经积累了几万粉丝，他就觉得非常有成就感。

刘擎：对，很多大家常用的社交媒体网站上都有好多不错的课程，有不少挺高深的内容都出自非专业人士。现在的状况是，一方面知识体制的等级仍然存在——我们有大学体制，大学还有排名，大学的教师有不同等级的职称，这个知识权威的等级还在延续。另外一面，熟悉网络资源的人可以有非常多的其他渠道来获得知识，哪怕是非常专门的知识。有位朋友告诉我，他为查询考古学的某个前沿研究，搜索网络时发现在这个非常冷僻的专业领域，有很多学院外的业余研究者，他们并不是读这个专业的大学生，却有很深的造诣，他感到非常惊讶。现在由于搜索引擎以及文献检索和获取的便利，再加上ChatGPT等人工智能工具的帮助，许多人都有可能在非常短的时间内获得相对来说准确而精深的专业知识，哪怕那些专业壁垒比较高的领域，像考古的或医学的知识。**专业壁垒不那么坚固了，专业权威也就不容易再令人敬畏。**

严飞：现在每个人都拥有了更多的选择权，这是我们今天这个时代一个好的现象。虽然知识的层级仍然存在，但我们普通人可以在

A教授和B教授之间做出选择，甚至可以选择其他独立学者或者普通人所提供的内容。如果你对某个频道不满意，随时可以切换到其他频道。放在以前，你把所有频道都切换一遍，播的可能还是同一个节目。

刘擎：知识大众化时代的到来，每个人都有便利的发声渠道，而且也有知识获取的渠道，能够用自己获取的知识来跟知识精英分庭抗礼。反智主义在这个意义上好像更有了底气，所以它在今天的流行就和大众传播技术的突破性发展有很强的关系，那么反智主义会带来什么负面或者令人忧虑的后果呢？

有一种意见认为，反智主义造成了知识分子的衰落。这个看法是含糊不清的，在现代社会，知识分子本来就不应当有什么特权，以往在公共舆论中占有特殊的影响力，这在很大程度上是制度化知识生产的模式造成的。当下的知识生产和传播的条件改变，更加大众化和市场化，知识分子的特殊影响力就式微了。但这为什么值得关切呢？我们作为知识分子来关注知识分子的衰落，不过是出于一己之私吗？如果不是，那么我们关切的要点就不应当在于知识分子阶层的命运，而应当着眼于公共领域的知识和话语的品质。就这个着眼点来说，你认为反智主义的负面后果会是什么？

严飞：那就是反智主义与民粹主义的合流。当民粹主义不断盛行时，知识分子便成了靶子，被挞伐、批斗。我们的历史，充斥了很多这样的疯狂和荒诞。民粹主义中更加需要警惕的，是德国政治学者扬-维尔纳·米勒（Jan-Werner Müller）在《什么是民粹主义?》（*What is Populism?*）一书中提出的，我们只能听见一种声音——民粹或极权领袖自己的声音，民众只不过充当了他们的回音筒和扩音器而已。这些现象都是时代阴暗面的一部分。

刘擎：是的，民粹主义与反智主义常常是共生的。我认为**反智主义更大的危害是让我们的社会远离知识和真理，让大众被某种狂热的情绪蛊惑和裹挟。**历史上有过这样的疯狂年代，而今天我们看到献给“五四”青年节的这个公益片，难能可贵。这个视频在提醒我们，有很多煞有介事和振振有词的话语言谈，带着聒噪、喧哗和亢奋的情绪，实际上让我们这个社会不仅偏离了知识和真相，而且背离了道德的目标和秩序，对此我们必须保持警觉。

严飞：这就会让我们的社会进入一种失范的状态。所谓失范，就是和正常有序相反的一种状态，它是反常的。简单来讲，就是社会价值观的导向出现了偏差，社会制度的规范不再能对人们进行有效的控制和约束，导致了社会功能出现紊乱，社会中个人的行为也偏离了轨道，出现了异常。法国社会学家涂尔干明确提出，社会秩序的基础是道德。在这一论断中，“道德”更多表现为社会规范、主流价值观，为特定地区的特定人群所认可的、能够促进整体福利最大化的文化观念。如果我们抛开事情本来的真相，只以流量作为唯一真理的标准，那么社会秩序将不再以道德标准为根基。取而代之的，是大家会追求如何打造爆款、如何吸引眼球，而不再关注真相到底是什么。这样一来，我们的道德秩序就在潜移默化中发生了崩塌。

刘擎：所以，反智主义最值得警惕的危险是什么？在我看来，不是说挑战了知识分子的特殊地位，或者轻蔑一些学者专家的体面，这些嘲讽或攻击只要没有涉及人身安危，只要不违法，都不是那么要紧的问题。**反智主义最大的危险是让我们民族的智识和精神沦落到一个粗鄙和野蛮的地步，以及道德感和人文性的崩坏。**这是最可怕的危险。

严飞：非常同意刘老师的说法。如果我们只把流量爆款作为衡量社会成功的唯一标准，只注重搞噱头和制造热搜，那么我们又该如何教育下一代呢？

刘擎：现在自媒体制造的内容，有一种多少让人担忧的“绚烂的贫乏”情景，好像五光十色的，各种各样的花招，许多“爆款”，但这些内容大部分在智性上和美学上都是如此贫乏和单薄。当然，这听上去就是知识分子带有偏见的判断。但是学者或者知识人对民族的精神状态应当有一点道义上的责任。面对可能的智性水平的下降、判断力的衰弱、趣味的粗鄙和精神的贫瘠，知识分子和学者总应该做些什么，对吧？

严飞：这个时候，说不定知识分子也一跃跳入反智主义的浪潮里而不可自拔了。

刘擎：在这样一个反智主义的浪潮下，知识分子应该怎么做？这是一个值得讨论的问题，也是一个非常具有挑战性的问题，

流量时代，知识分子的责任

严飞：我们之前提到专业知识和普通知识之间的区分。在专业知识的层面上，学者确实需要深入自己的专业领域，深耕细作，做到“板凳甘坐十年冷”，这一点非常重要。另一方面，对于智识作为特权的问题，在我看来，知识分子那种高高在上的精英姿态，是应该被打破的。

刘擎：这里边是有一些麻烦的问题，知识社会学有许多讨论。比如像皮埃尔·布迪厄讲的学术场域和学术资本，有的知识专业里需

要一些术语、概念、理论，非常晦涩，普通人就会觉得你们说一大堆“黑话”，谁也听不懂。

严飞：所以要讲人话。

刘擎：**讲公众能明白的话，是知识分子的一种品质，我们有义务将复杂和晦涩的专业知识转化为更通俗的语言，传播更准确和更重要的知识，培养更有理性和启发性的对话方式，塑造更敏感和深入的思维品质。**这是要维护知识的尊严和价值，而不是保护知识分子或者学者自身的身份特权，这种特权是可以终结的。但知识确实有高下之分，真理和谬误是有区别的，这种立场在一般原则意义上是可以论证的。

严飞：知识需要有独立性和批判性，而不是和权力合谋，成为权力的附庸。一心将学问当作敲门砖，这是知识分子尤其值得警惕的事情。一个具有良好人文底蕴的学者，必然会秉承自己独立的价值标准，坚持自己的道德准则，而不委身于某一利益框架之下。

刘擎：除了不依附于权力，知识的独立性和批判性也表现在独立于市场跟资本的诱惑和侵扰。这也是大家所关切的问题，对于特别流行的所谓“知识明星”，要保持警觉，拒绝为迎合流量牺牲智识上的追求，这都是包括我们自己在内需要警惕的诱惑。**面**

对反智主义的潮流，知识分子的一个重要目标是要建设一个更好的公共讨论的环境，促成一个平等的、理性的、善意的、真诚的、为了相互理解的公共领域，这是良好的公共生活的条件。我想，这是知识分子艰巨的责任。

严飞：我一直觉得学者是有公共责任的。社会学家郑也夫就曾指出："一个思想者应该有两个支点，一个是对智力生活的热爱，一个是对社会正义的关怀。"在我看来，作为知识分子的学者，他应该具有文化上的敏感，同时将自己的思想力投入到社会议题之中，从而带动起大众——或者说是沉默的大多数——的认知和思考。正如阿伦特所言，只要被看见，就意味着看见者是从不同立场进行评判，这就构成了公共性。然而遗憾的是，今天还愿意投身于公共事务的学者越来越少，独立的立场也越来越少，这是一件非常令人遗憾的事情。长期往复，犬儒化生存便会成为最常态的治学之道。

刘擎：对，但这也是有原因的。有不少学者相信，为了保持学术的严肃性和独立性，就是要远离大众，坚持躲在学院的"象牙塔"之中，保持高冷的态度，这样才不会被污染而变得流俗。对于这种态度，如果能知行合一，我是非常钦佩敬重的。但现在学院中的大多数人都做不到，因为当今的学院早已不是清净的象牙塔了，权力和资本的力量早就击穿了学院的围墙。当今能在学院中保持高冷的学者，大多非常边缘化，极少获得体制认可的成就。当然，自甘边缘专注于自己的学术生活，这是非常了不起的境界。

但是对于大多数人文和社会科学领域的学者，深入理解社会生活，本来就是学术要求的一部分，如何独立而严肃地坚守自己的志业，同时面对公共生活，这是一个非常具有挑战性的问题。霍夫施塔特那本书探讨了与此相关的问题，在第十五章《知识分子：疏离与顺从》（“Alienation and Conformity”）中，他表达了富有洞见的看法，对当代的处境也具有启发。霍夫施塔特认为，**知识分子同时面对着两种现代趋势的压力：一是大众民主与平等主义的压力，一是大众文化和消费主义的压力。**知识人在应对这两种压力时，身陷难以抉择的困境和矛盾，形成了不同的应对方式。

在一些知识分子看来，这个时代已经越来越被大众化的潮流所淹没，他们感到自己被大众排斥和嘲笑，然后就习惯了，变得孤芳自赏和冷漠，形成了一种疏离（alienation）的应对策略。他们相信，疏离是唯一可以采取的、合适而又高贵的立场，这是自己应有的命运。知识分子的疏离态度，是一种久远的传统。但另外有一些知识分子，往往是更年轻的一代，在大众文化中被承认、被吸收也可能被利用，总之受到了大众的欢迎。比如，在“二战”刚刚结束的时候，大众舆论宣扬的是美国拯救了欧洲，同时，美国也扭转了文化上的自卑感（改变了那种“欧洲文化高雅，美国文化粗鄙”的看法）。那时候，许多美国的知识分子对自己的民族和国家有一种自豪感，和主流文化之间达成了某种融合与妥协，也获得了公众更大程度的接受。这让我想起在1980年代中期，中国知识分子曾经也有类似的状况，许多学者是聚光灯下的明星。那时候，不只是科学家，许多人文社科的学者、诗人和作家也受到大众的尊重和推崇。

但霍夫施塔特指出，这种受欢迎的知识分子会有一种内心的焦虑，他们担心自己变得太过顺从了（就是他说的conformity），担心自己会丧失批判性和创造力，也就无法真正担当起知识分子应有的使命。于是，就出现了一种惶恐感，好像我们知识分子是应该被孤立的，这是高贵的使命，太受欢迎反而产生了惶恐。他在书里写到，这造成立场上的基本悖论：“一方面，他们的确怨恨反智主义现象，视其为我们社会之严重缺陷的标志；另一方面，对他们的认可，以更深重的方式困扰着他们，并将之分化。也许，在今日知识分子界，所出现的、最能造成分裂的争议，就是围绕着分别确立在旧的疏离和新的认可之上的价值。”这可能不只是两种知识分子的选择，也是知识人自身内部的矛盾：**如果说高冷的疏离是自己的命运，这有点悲情；那么被认可是否就意味着顺从，屈服于大众的标准？这是一个深刻的问题。**

从霍夫施塔特这本书最初发表到现在，已经有60年过去了，他说的“命运的尴尬”仍然是我们这个时代知识分子面对的难题：在疏离与顺从之间应该作何选择？如果选择孤芳自赏，其实就放弃了知识分子的角色责任，但如果选择顺从大众的喜好、沉浸于大众的欢迎，就可能丧失了批判性和挑战性，最终也就失去了自己的角色作用。这是知识分子永恒的困境。反省地说，我也不知道自己是不是开始变得顺从了。我的专业是政治哲学，现在谈的更多的是人生哲学问题，这当然有许多原因。另外一方面，我坚持不用迎合的态度去做公共讨论。坚持尽可能地表达自己真实的、哪怕不成熟的思考。**谦逊和真诚是值得追求的品格，但迎合或取悦不是，无论对象是谁。**

严飞：足够的信念和投入真的很重要。这也是为什么在哈佛大学访学的这一年里，我和刘老师特别想做一些深度的对话和讨论。我们没有在哈佛园里对着约翰·哈佛的雕像讨论如何申请美国藤校，或者剑桥有什么值得推荐的打卡胜地。相反，我们讨论了一些非常深刻的甚至与日常生活看似遥远的话题，但这些话题与我们的道德观念和社会秩序息息相关。这是我们俩特别乐此不疲、非常愿意做的一件事情。

刘擎：我跟严飞老师是有这个意识，比较主动地积极介入公共生活，我们也会面临压力，有的时候是来自自己内心的压力。到底是不是应该做这件事情？干脆就做非常冷门的学问还是做通俗化的表达？我们都希望在能够通俗易懂、贴近大众的同时，不要丧失知识的严谨性和严肃性，这是一个挑战。我们在朝这个方向努力，远远谈不上成功，只是没有放弃探索和努力。

严飞：我觉得我的一个标准是先做好专业工作，在专业领域里获得认可，确保我的专业性没有问题。在此基础上，我希望拓展对公共领域的投入。比如，在过去几年里，我一直在社会学领域内推广非虚构写作。因为我觉得当下社会学的研究路径过于枯燥，很多时候都在进行一种符号化、工具化的宏大表达，而忽略了场景、情感、文化等维度。在我看来，**无论什么样的选题，都一定要描绘具体的人，而不是去描绘抽象的人。**只有通过描绘具体的人，他们的生命故事、生命历程，他们家族的生命故事、生命历程，才可以避免将活生生的个体经历陷入庞大的叙事结构中，同时避免我们对他人的认知落入异己化的看法或者墨守成规的印象之中。带有生命温度的社会学深层叙事，写作者诉求的是唤起读者的内心世界，让读者直面不同生活经历间的巨大鸿沟，这将有助于激发起更为广阔的情感共鸣与公共性思考。

刘擎：就是需要在专业知识和大众真实的生活之间建立一个接口，有非常有机的联系，而不是完全脱离现实的高高在上的学理论述。

严飞：我们每年会与北京的一家书店合作，选择在世界读书日前后举办一次“不一样的社会学观察”活动，目前已经坚持了四年。

不仅学校的老师会来参加，还有大量的年轻人也会坐在一起参与我们的讨论。我们的活动一般是从早上9点开始，一直持续到晚上9点。很多年轻人会在会场里待一整天，向我们提问题，中场休息的时候和我们一起讨论。每次活动虽然很累，但是因为大家的热情，就觉得很值得，要继续坚持下去。

刘擎：我也是一样，比如在很多人看来我是在做哲学普及的工作。比如，最近复旦大学的孙向晨老师策划了一个哲学公益教育的项目，我也参加了。在做这样的工作的时候，我同时会有两个标准：一个是专业性的标准，一个是受众的亲和性标准。每次做面对大众的言说、写作、演讲、课程或者视频节目，我脑子里其实有一根紧绷的弦，就是想象同行的评价，想象汉语学界最好的学者会如何评价。

严飞：要时刻秉持自己的专业性。

刘擎：对，这非常重要。到现在为止还可以，得到学界朋友的很多支持和鼓励。第二个标准就是对读者或观众的亲和性。亲和性其实是表达受众的善意，避免连篇累牍地谈论专业理论和术语，不着边际地讲“黑话”。在哲学性的讨论中，很难完全摆脱深奥的术语和概念，但必须有清晰的解释，并关联到人们容易感知的生活场景，这并不是容易的事情。同时，在表达自己观点的时候，防止那种独断性的姿态和语言，尽可能是邀请式的，试图去启发和引导大家打开对话探索的可能空间，打开这个空间是最重要的。

严飞：**知识分子要放下自己的清高，既不应该怀念过去，也不应过分寄予未来，而是要对“现在”这个题目，坦坦荡荡地晒出自己不受阉割的思想。**

刘擎：霍夫施塔特论述反智主义的这本书在1963年出版的时候有一波热潮，后来变得比较沉寂。在小布什执政的时候出现过新一轮的讨论，而当特朗普进入政坛的时候又出现了新的讨论热潮。2020年美国图书馆（Library of America）文库系列出版了四卷本的《霍夫施塔特全集》，第一部发行的就是反智主义这本书。霍夫施塔特有一位弟子埃里克·方纳（Eric Foner），他在最近的一次讨论中提出了一个观点叫“介入的超脱”。知识分子不能毫无保留地彻底投入大众文化，如果把专业都忘掉了，全部投入其中，就会变成随波逐流的人，最后丧失了智识上真正的力量，但与此同时，又不能完全孤芳自赏。这种“介入的超脱”是想解决霍夫施塔特提出的那个疏离还是顺从的悖论。方纳的建议是要具备双重的精神，**一方面你能够超脱，能够从学院或者学术传统的脉络中思考问题；另一方面你要足够投入，但投入的时候尽可能从学术资源中获得灵感和启发。最后，在深耕学术的时候不要忘记知识学术从来就有的社会面向，也就是内在的公共性。**

严飞：这让我想起法国思想家雷蒙·阿隆写的一本书，中文名字叫《介入的旁观者》(*Le Spectateur engagé*)。他作为一个独立的知识分子，当然需要坦荡地表达自己的观点；但同时，他不是作为一个冷冰冰的旁观者站在边缘，抽离地看待这个纷繁复杂的世界，而是要主动介入。

刘擎：所以需要既介入又旁观，这是知识分子应该有的一个态度。

严飞：**旁观即是保持专业性，而介入则体现了公共性的参与。**

刘擎：在法国，从1960年代到1980年代，雷蒙·阿隆的好多观点都是反潮流的，跟萨特相比，他好像处在一个知识界的边缘，但他从来没有停止写作和言说，包括他写的《知识分子的鸦片》(*L'Opium des intellectuels*)，当时和法国整个知识界的主流是相左的，或者说存在明显的紧张。但是现在回过头来看，阿隆的观察和分析有着非常重要的洞见和智慧。对我们来说，今天的中国社会变得非常复杂，而且这个时代也变得动荡和不确定，我们未必有十足的把握对重要的问题做出断言。所以，我会提倡，我们和公众一起思考，而不是说我有一些现成答案，这是学术研究已经发现的现成答案，拿出来教大家学习，我们只负责表达得通俗些。不是这样的。我认为**学术界的许多研究发现，那些思想成果，需要在公共领域中展开讨论、检测和再锻造。**

严飞：辩论、锻造。

刘擎：对，我相信经历了公共讨论，特别是跟实践问题放在一起讨论，会反过来影响我们对学术的问题意识和方法的再思考。就像你刚才说的非虚构写作，把学术象牙塔里的这些知识和理论放到实践生活的场景中，你会发现在某些方面是不够的，传统的某些方法论有它的优势，但也有它的局限，所以需要重新拓展。在这个意义上，学术研究和公共讨论，或者说我们传统的“学术”与“思想”，要形成一个良性的互动。

严飞：我们要打破知识的高墙。在学校上课时，我会邀请一些学院之外的人士来课堂上分享，比如一位在工厂流水线上组装零部件的打工者，他同时还在写小说；一位送快递的外卖小哥，他同时还是一位“外卖诗人”；我还会邀请皮村“打工文学”的参与者，和我们的学生们一起交流和讨论。在学院的环境里，我们从来不缺专业性的讲座，不同领域的教授们会分享一个自己的研究课题。但也许，我们也可以让学生们透过这些更加真实的声音和行动，看到学术研究之外的另一种可能性。

刘擎：这是重建公共性的一个方式，不只是将学者的专业知识引入公共领域，还要请非学术专业的人士进入校园展开讨论。回到哲学的源头，苏格拉底就是一个生活在城邦中的人，他跟公众来讨论那些影响我们生命意义的根本问题：什么是好的生活？什么是美的？什么是正义？等等。对这些具有高度实践性的公众关怀的问题展开不断深入的对话讨论。

严飞：正义、美德、秩序不仅仅存在于学理层面，更是在日常生活中不断被实践总结出来的标准。大家一起坐下来讨论，才能明辨是非，而它的终极方向，是建设一个具有强烈团结精神的社会。

刘擎：我们也希望有更多的学术同行能花费时间来介入这样一种公共性的重建，讨论我们日常生活中遇到的困境和难题，带着自己专业的知识，以谦逊的态度来扩展公共讨论的空间。这是不容易的事情，大家都在探索。让不同的知识分子、学者、作家、文化人进入讨论，我们可能会有更高品质的智识生活和公共生活，期待我们这个民族在认知、美学、道德和精神的各个方面都有不断的提升，这是我们对未来的愿景。

严飞：这也是我们愿意去投身其间的动力所在。最后，我想引用19世纪英国法学家詹姆斯·菲茨詹姆斯·斯蒂芬（James Fitzjames Stephen）在《自由·平等·博爱》（*Liberty, Equality, Fraternity*）一书里的一段话做总结：

> 我们立于大雪弥漫、浓雾障眼的山口，我们只能偶尔瞥见未必正确的路径。我们待在那儿不动，就会被冻

死；若是误入坡途，就会摔得粉身碎骨。我们无法确知是否有一条正确的道路。我们该怎么做呢？“你们当刚强壮胆”，往最好处努力，不要说谎，我们要睁大双眼，昂起头颅，走好脚下的路，不管它通向何方。

8

在漂流时间里，
走向
你自己的世界

明日世界的风景，都在今日世界的我们的手里。

这一年是我的“漂流时间”

刘擎：我和严飞老师在哈佛燕京学社访学，为期十个月，马上就要结束了。今天既是我们这个对话系列的最后一章，也是一次回顾，对自己在哈佛这十个月遇到的人和事，获得的体会、感想和收获，做一番总结。首先要问严飞老师，这一年给你最直接的感受是什么？

严飞：我最大的感受，大概就是时间过得太快，记忆仿佛还停留在刚刚抵达波士顿的昨日，怎么一眨眼，就到了需要告别的时候。

在告别的时候去聊收获，确实挺多感慨的。这一年就好像划船一样，为了一个目的地，一片美景，辛苦划一段时间。累了，歇桨停船，跟着水流漂流一会儿，看云朵变幻，照在水面的粼粼波光，听水缓缓流动的声音，想象水下住着一只水怪，和我们人类一样，永远有着不可被满足的欲望。

这一年是我的“漂流时间”，没有完成来之前自己设立的预期任务，却有了很多意料之外的体验，看到了很多的人生风景。特别是在封闭三年之后重新拥抱世界、回归开放，心理上经历了一轮前所未有的重建。如果不是这一年的“漂流”，便不会有当下生长出来的决心。

划船的物理距离能够清晰测量，可很少有人问划船的人，在心理上、在脑海中，你究竟去到了哪里？

刘擎：我们前几天一起在查尔斯河上划皮艇，从麻省理工出发，往哈佛的方向划，夕阳落下，河面上泛起金色的光芒，有无限感慨。

严飞：金色的光芒虽然来自落日的余晖，那画面却让我想起王小波《我在荒岛上迎接黎明》中一段燃烧的文字：

> 太阳初升时，忽然有十万支金喇叭齐鸣。阳光穿过透明的空气，在暗蓝色的天空飞过。在黑暗尚未褪去的海面上燃烧着十万支蜡烛。

刘擎：王小波的文字会让人内心升腾起一种纯粹的情绪，照耀出我们的影子。

严飞：这一年，我还和燕京学社来自韩国、日本的学者交流，大家普遍都有一个感觉，自己在学术道路上似乎遭遇了一个mid-career crisis，“职业中期的危机”，需要通过这一年来探寻后面的学术道路怎么走。

学术的道路非常漫长，其中大概会有两次职业危机。第一次是在攻读博士阶段。日复一日的论文煎熬，苦涩与孤寂相伴，又常常看不到做学问的尽头，一篇论文画上的句号，只是另一篇新论文的开始。再加上三十不立、前程未卜的彷徨，甚至爱情与亲情的灼热考验，很多人就会选择放弃学术，转到业界去。

第二次危机，则是进入了学术界的青年教师，他们需要完成一个长聘制的考核，也就是大家常说的“非升即走”制度，一般是六年时间，有包括论文发表、基金申请等各项指标，需要一一对应去完成。现在的青年教师被称为“青椒”，“青椒”的压力非常大，往往需要在科研、教学、行政三个方面同时完成指标性的任务，如果时间到了这些硬性要求没有达到，就只能转岗流动到非科研岗，或者从学术体系里退出，转到别的行业。

当终于通过了长聘制的考核，很多学者就会产生另一层的职业危机，他会觉得我从博士阶段开始一直在奋斗，奋斗的目标就是有一天可以获得长聘教职，那获得了长聘教职以后我应该怎么办？后面还有二三十年的学术道路，我应该如何开始一个崭新的研究项目？学术的终极意义，又是什么？

刘擎：于是，你要重新勘定自己的目标。在思考中期生涯这个问题的时候，你在这里找到答案了吗？有什么解决的方式吗？

严飞：我不好说完全找到了答案，但这一年里，我听了很多场不同主题的讲座，参加了很多学术的研讨，自己也做了几次分享。在与不同学科的学者互动中，迸发出不少新鲜有趣的研究视角和思考维度，就很想再往前做一些实证层面的探索和推进，即便没有任何研究经费，也致力做出来。有可能是因为不再需要为了写论文而写论文，反而可以自由地追求一些自己真正感兴趣的东西。

还记得我们之前聊旅行的时候，曾经提到陈寅恪先生当年在哈佛求学期间，也住在我现在住的这一条街上，有一种奇妙的跨越时空的遇见。1920年，陈寅恪入读哈佛大学，师从专研印度梵文的兰曼教授（Charles Rockwell Lanman），学习梵文和巴利文；同一年，林语堂也来到哈佛大学攻读文学硕士学位。这一年，远在德国的社会学大佬马克斯·韦伯在慕尼黑大学，给青年学生做了题为《以政治为业》的演讲。

刘擎：韦伯在慕尼黑大学的第一场“志业”演讲，是1917年的《以学术为业》。

严飞：《以学术为业》《以政治为业》这两篇演讲，汇聚了韦伯一生的学术与思想、道德与政治的关怀。尤其是《以学术为业》这一篇演讲，对我有很大的激励，我也不断推荐给我们的学生，特别是那些未来有志于投身学术的年轻人，让他们一定要逐字逐段去阅读。

刘擎：韦伯宣讲的以学术作为志业的这种理想，有一种天职般的精神，一百多年后在你心中获得了回响，引发了新的激情和启迪。

严飞：特别是在波士顿漫长的冬季里，屋外漫天的大雪，整个世界白茫茫一片，我就躲在屋子里，重新去读韦伯的《以学术为业》，真的会有一种“我只为我的天职而活着”的感召，然后更加会觉得，这一年，我们来对了地方。

在这一篇演讲中，韦伯明确地告诫年轻人，“学术生涯是一场鲁莽的赌博”。在韦伯看来，以学术作为物质意义上的职业，对于刚刚迈入学术大门的年轻学者而言，不啻于一段需要在不断的挫败和平庸感中斗争和煎熬的历练。韦伯完全破除了对于学术研究的浪漫的幻想，用残酷的现实质问每一位即将选择以学术研究作为毕生事业的人。

那么，以学术为业和以商业、政治等其他领域为业，有什么不同呢？

不同于政治家，学者应当克制自己，避免价值判断，诚如韦伯在演讲中所言，“作为‘职业’的科学，不是派发神圣价值和神启的通灵者或先知送来的神赐之物，而是通过专业化学科的操作，服务于有关自我和事实间关系的知识思考”。

韦伯指出，对于想要迈入学术门槛的年轻人们，需要更加秉持学术的热情和投入，而非灵光一闪的机灵或者是按部就班的计算。韦伯总结了年轻一代学人的一个缺点，“今天的年轻人中间流行着一种看法，以为科学已变成了一个计算问题，就像‘在工厂里’一样，是在实验室或统计卡片索引中制造出来的，所需要的只是智力而不是‘心灵’”。面对这样的问题，韦伯明确指出，“灵感在科学领域所起的作用，肯定不比现代企业家决断实际问题时所起的作用更大。另一方面，灵感所起的作用也不比它在艺术领域的作用更小。以为数学家只要在书桌上放把尺子，一台计算器或其他什么设备，就可以得出有科学价值的成果，这是一个很幼稚的想法”。在韦伯看来，对于学术的热情，永远是指引前进的源动力。只有对于学术之路有着天然的、自发的热情，才可以真正在这条道路上走远，否则就不应该选择学术之路。

但是过去20年里，我们看到，在科技革命、商业潮流、资本力量崛起的重重压力下，社会开始向大学提出更加“理性化”的要求，原本为知识而耕耘的高等学府开始向“创业型大学”转型，像商业活动那样进行学术活动。我们因此看到不少老师，整天忙碌于各种项目课题中，老师负责谈项目、接课题，学生负责做课题、写报告，大学老师也变得一切向钱看齐。

对于这些现象，韦伯在《以学术为业》中就曾明确批评："在科学领域，假如有人把他从事的学科当作一项表演事业，并由此登上舞台，试图以'个人体验'来证明自己，并且问'我如何才能说点在形式或内容上前无古人的话呢？'……而无论在什么地方，只要一个人提出这样的问题，而不是发自内心地献身于学科，献身于使他因自己所服务的主题而达到高贵与尊严的学科，则他必定会受到败坏和贬低。"在这一点上，韦伯对所有学者提出了要求，他认为学术研究是严肃的，研究的目的应该就是研究本身。

有多少年轻的学子，心怀"以学术为业，为天职而活"的理想，进入象牙塔上下求索，但又有多少人可以将理想转变成信念，继而坚定地、专一地，甚至是寂寞地在学术研究的道路上前行，全然不理会路边诱人的风景，以及局外人不解般的嘲讽，只埋头做一个学术的赶路人？

事实上，尽管理性危机已经渗透到生活的方方面面，我们每一个人都困居其中，陷入人性的铁笼之中，但我们仍然可以决定以怎样的面目面对这个世界，采用什么样的态度和策略。究竟是为什么而活，理想、自由还是欲望？我们是否可以一边努力向上，一边实现真实的自我？又是否可以救赎心灵，找到人性的本真，从而去减轻牢笼的痛苦，到达人生的彼岸呢？

文明新旧能相益，心理东西本自同

刘擎：严飞老师刚才谈得很好，他从前辈的启迪和鼓舞中，思考自己如何从职业生涯发展中那些琐碎事务里超脱出来，重新思考学术的意义，重温学术作为一种天职或一种召唤的含义，确认对这种使命的承诺，真诚而中肯，特别好。

对我个人来说，在哈佛燕京访学的十个月也隐约感到一种来自前辈的召唤，但一直没有想清楚，直到最近听到李若虹老师的一次谈话。李老师是哈佛燕京的副社长，一位历史学家，最近她出版了一本有关哈佛汉学史话的新书《从中亚古道到新大陆：哈佛汉学史话》。前不久她给我们做了一次分享，其中提到在哈佛燕京学社一楼会议室的一副对联，是陈宝琛先生的题词。陈宝琛是晚清的旧官，在84岁的时候题写给哈佛燕京，上面写的是“文明新旧能相益，心理东西本自同”，我感到一下子豁然开朗。我在想，像赵元任、陈寅恪和林语堂这样的前辈，他们一直在寻找中西方文明对话交流的潜力，从中获取新的资源、启发和滋养，在社会的现代转型中重建中国的文化。在这个意义上，我们现在的努力好像是跟百年前的这些前辈接通了，这当然不是说我们的工作能企及他们的成就，而是他们提供了一种思想和精神的坐标，我们是在这个传统下开展自己的工作的。

在当前的学术体制中，许多学者有时会感到迷失了自己工作的意义感，每个人沉浸于具体细微的研究任务，似乎是蚂蚁一样的工匠，失去了一个大的视野。而在哈佛寻访这些前辈的故居，看到他们留下的手稿和旧版的著作，我们获得了一种启迪和激励：**无论我们个人具体的工作多么微不足道或者能进展到什么地步，我们仍然在接续一个精神传统，就是在中西文化的不断对话中，探索当代世界和中国面对的新问题，寻找新的思路和应对的可能。**

对于我个人来说，就是致力于发展一种更有理据的论述，能够超越民族国家之间纷乱的利益斗争、超越文化差异造成的阻隔，在当代的全球化背景下，恢复文明对话给予我们精神的和思想的资源，寻求更好的、跨文明的未来秩序。在这个方向上，我个人可能只能做极其微小的一点探索研究，但现在能感到，这样具体的工作也是承续一个更久远的精神传统，由此就获得一种归属感，一种安顿感的力量。

严飞：当时在交流的时候，李若虹老师还提醒我们注意一件事：在1950年代到1960年代，前来哈佛燕京访问的包括中国学者在内的亚洲学者，主要都是过来向哈佛的教授学习。然而，今天从亚洲来到哈佛大学的燕京学者，他们的角色已经不再只是一个远道而来的学习者，哈佛的教授也会向这些国外来的学者学习，变成了一种平等的智识交流。

刘擎：对，她专门提到，许多在哈佛做汉学研究、做中国研究和亚洲研究的美国学者都有同感，说今天我们从来访的学者当中学到的东西远比我们能够教给他们的东西更多，这当然是他们的谦逊，但也确实表达了一个时代的变化，全世界的学术界有越来越多的人相信平等尊重、互相对话的意义，都感到彼此互为师生的价值。另外，我突然感觉，新一代的华人学者在美国人文社科学术界也开始占据越来越显著的位置，相当醒目。在哈佛大学我们熟悉的朋友中，政治学的王裕华和社会学的雷雅雯这两位老师，都是才40多岁就获得长聘正教授的职位。上次来参加论坛的嘉宾丁悦老师，她从哈佛大学政府系博士毕业，目前在西北大学政治学系担任副教授，还有你们社会学的张杨老师，等等。可以说，新一代的中国学者已经在美国著名的高校里开始有非常显著的存在，这是一个鼓舞人心的趋势，不同的文明之间要相遇和交汇，才会有人类文明的发展。

严飞：所以其实还是回到了那句话——“心理东西本自同”。

刘擎：确实，**文化差异本身应该是人类生活丰富的表现，也是一种精神财富，使彼此相互借鉴、不断发展，差异本身不应当让我们相互阻隔。**在今天强调这一点尤为重要。这就是我自己在研究新世界主义时，关注中国的天下理想的当代相关性的一个缘由。

严飞：很多不同学科背景的学者在这里会聚一堂。之前我们在拉德克利夫学院进行对谈的时候就提过，那里每周会有两次跨大学科的交流研讨，从自然科学、社会科学到人文艺术，学科跨界的宽度和广度都非常大，对我而言，是完全打开了一个新的世界。

刘擎：开阔视野。而且上次你还组织了一个研讨会，关于如何用民间的史料，包括信件和日记，来展开口述历史的研究，那次做得特别成功。

严飞：那次研讨会依托燕京学社，邀请了来自历史学、社会学、政治学、文化研究等不同学科的学者参加，是一个小学科的交叉，也是我自己之前只待在社会学这个学科边界之内完全没有办法去做到的事情。

刘擎：在这方面，我跟严飞老师有差不多相同的感受。我参加了许多学术活动，感到有一个非常明显的趋势，就是当代学术的大多数问题都是跨学科的问题，而且许多都具有跨国的特征。

在哈佛大学，你每天大概会有20多场讲座或其他学术活动可以选择参加，让人应接不暇，所以许多精彩的讲座也不会有很多听众。说说印象深刻的几次活动。一次是哈佛政府系组织的讲座，桑德尔教授做主持，主讲人是外校来的一位哲学教授，探讨人工智能对于人性的转变与冲击，内容非常深入和丰富。虽然主讲人从头到尾都在快速地读讲稿，但一点都不让人感到乏味，非常引人入胜甚至扣人心弦，这种体验是我以往听讲座不曾有过的。但那天到场的听众大概只有30位。还有一次讲座，主讲人是来自新加坡国立大学的比较文学教授泰戈尔（Saranindranath Tagore），他是印度大诗人泰戈尔（Rabindranath Tagore）曾孙辈的亲戚，主题是“泰戈尔的民族主义与世界主义”，听众也只有二三十个人。还有一次令人难忘的经历，是我们哈佛燕京自己组织的年度论坛，裴宜理教授主持，主题是东亚的性别与民族主义的问题，那天几位嘉宾的对话讨论很能激发人的思考。其中有日本学者上野千鹤子，她在中国特别有名。然后我怀着一点“追星”的心情，在晚宴的时候专门去和她交谈。上野老师非常平易近人，而且她说话非常风趣。

在哈佛与师生的交谈也受益很多。我的合作导师包弼德（Peter Bol）教授，回复电邮非常迅疾，而且言简意赅、直奔主题，他和我谈话以及他对我论文的评论、肯定与质疑都非常直率，同时一直保持很友善的态度。我和王德威教授很多年以前在香港中文大学见过一次，这次访学期间有过多次长谈，让我学到很多，他的热心和谦逊也让我难忘。欧立德（Mark Elliot）教授目前担任负责国际事务的副教务长，非常忙，我们在几次活动中有短暂的交谈，最后他约了我午餐聚谈，期间向我解释了哈佛在应对学生占领哈佛广场的抗议活动中遇到的困难，以及最终如何让毕业典礼能如期举办，也给了我很多启发。我们哈佛燕京同届学者之间一直有着频繁和丰富的交流，一起参加各种文化活动，结下了友情。

在这里和学生交流很有意思，我和哈佛、麻省理工的中国留学生有过三次正式的讲座，后来又有许多次小范围的座谈聚会。认识了政府系毕业不久的博士李汉松，他的学识和见解出类拔萃，让人有“后生可畏”之感。还有读哲学和比较文学的本科生曾岳琦（Andy），不仅读书细致深入，还有出色的领导力。他负责主办的这一届“哈佛中国论坛”相当成功。另外我还去过波士顿学院，和两位来自中国的政治哲学博士生有过长谈，很有收获，特别讨论了美国学院中保守主义传统在今天的处境，让我学到不少。

我也和美国学生有一些接触。有一次是客座给本科生上一堂课，在课后的交谈中发现，几位美国学生对中国的了解远比我想象的深入，但他们非常审慎，似乎有一种很强的自觉意识，在充分了解事实之前，不做轻率的评价。还和两位政府系的博士生有过长谈，一位是桑德尔指导的博士新生，只有20岁，懂多国语言，研究政治理论和比较政治，虽然刚刚开始研究与中国相关的问题，但提问的角度和方式就很见功力。还有一位是裴宜理教授指导的博士，刚刚毕业不久，他对当代中国网络文化的研究，也特别有新意。

严飞：我还与哈佛的本科生交流得比较多，并且带领着几位哈佛本科生一起开始了一个全新的学术研究。我们的研究主题是第二代华人移民如何了解现代中国历史。有趣的是，这些年轻人的父辈和祖辈虽然已经移居美国，但对分享他们亲历的历史事件以及所经历的历史变革都非常迟疑和犹豫，不愿意与孩子们交流，也就没有办法进行代际间的记忆传递。但这些年轻人却对现代中国历史非常感兴趣，认为这是形塑自我身份的最重要途径。

刘擎：也就是第一代和第二代的移民对于历史的感受有所不同。

严飞：他们对历史的感受和传承方式是完全不同的。我们带着哈佛的本科生一起做访谈，再通过滚雪球的方式拓展访谈对象，接触更多的潜在被访者。我们将研究从华人移民拓展到韩裔、日裔和印度裔等群体，逐步扩大范围，探讨不同民族对历史记忆和创伤的理解方式。这是一个全新的研究项目。

刘擎：你刚才说到老一辈人有时会回避触及自己过往的一些经历，而年轻一代似乎负担更轻，他们有一种智性上的好奇心，要探索自己的来龙去脉，我是谁？我从哪里来？没有那么多对历史的纠结。他们在进入历史的时候没有多少成见或者偏见，更能够打开自己，向历史开放。

总的来说，中国到美国的留学生有明显的代际变化。在1980年代和1990年代，也就是我留学的那个时代，大多数留学生修读的是实用性强的专业，比如电子工程、计算机，还有读会计专业的也特别多。但从新世纪开始，就有很多人去商学院、法学院和医学院读书，有成为“专业人士”的那种志向。而到现在，读文科的留学生越来越多，还有学音乐、电影、艺术史和设计的，这些专业毕业之后的就业前景不太确定，但他们似乎不那么担心。我开玩笑说，这就解释了为什么“富不过三代”。总之，最新一代的留学生中，有更多的英格尔哈特（Ronald Inglehart）讲的“后物质主义价值”的取向。

我在波士顿地区接触到许多大学的中国同学，无论他们是在初中或高中就来留学的，还是在本科时期再开始留美的，整体都非常出色，不只是“学霸”意义上的优秀，而是他们的精神状态、求知欲十分旺盛，探索的内驱力非常强劲。当然年轻人也有自己的迷茫和困惑，但整体上有非常强的进取心。相比我在国内教过的同学，他们的进取心没有那么急功近利，而是注重发现和探索的进取精神，也敢于让自己打破现成的发展模式或流行的“套路”。

比如说他们热衷创业，有好多本科生在读时期就尝试创业，做一个公益组织，我问：你们的商业模式是什么？怎么赚钱呢？他们回答说不知道，先做起来再说，然后去调动资源，发现人际网里可以借助的支持。上次参加哈佛和麻省理工的中国同学联合搞的论坛，其中一位年轻的博士生，就是想要把做AI研究的和搞基础科学研究的两拨人联系起来，让AI深入到科学研究的机制之中。我想当然地以为，这两拨人很自然就会想要合作，其实不然。他介绍说，目前结合比较好的是在生物科学研究领域，还有其他许多领域做科学前沿研究的人，并没有和AI领域的专家们开展紧密的合作。所以他们就策划了一个定期的论坛，让著名的科学家与资深的AI专家在一起深度交流。在我们一般的想象中，一两个年轻的博士生，怎么可能请到两个领域的所谓“大牛”来参加一个不知名的论坛？结果他们做得很成功，组织了非常有成效的论坛，就凭借一个有意思的好创意。当然目前他们还没赚到什么钱，但他们认为，跟这些业界的资深前辈交往，然后亲身实践如何组织论坛的所有过程和环节，这对他们来说，就是一种滋养，就是在学习成长。还有许多类似的例子，总之，他们开展一个项目的思想负担比较轻。我猜测可能跟家境比较好也有关系，允许年轻的学生有一段时间来探索和尝试自己的兴趣和能力。但无论如何，最重要的还是他们在精神气质上，没有屈从于特别强的模式化束缚，摆脱了套路式的思维方式。

严飞：他们没有陷入一个类似于程序方程式一般内卷的赛道，只想着GPA绩点如何有利于获得保研的名额，而是不断地打破这种模式。

刘擎：对，就是有想象力、有创新、有特别强的进取心，这也是我在访学中印象至深的一个方面。

回到瓦尔登湖的原点

刘擎：还记得吗？我们的对话最早是从瓦尔登湖开始的。

严飞：当时去瓦尔登湖，真的是说走就走。后来我们又去了好几次瓦尔登湖，春夏秋冬的风景，早晨和傍晚的风景，还有雨中的风景，都是不一样的瓦尔登湖。

刘擎：回过头来看，瓦尔登湖对我来说有象征性的寓意。这些年来，我做过许多不同形式的工作，有些是偏学术性的研究写作，有些是面向公众的思想文化性的讨论活动，林林总总似乎比较驳杂，但汇集起来其实可以归结为一个宗旨：重建人文精神

(humanity）的一种努力。当然，我个人的工作能获得的进展可能微不足道，却是有意识地朝着这个方向在努力，无论探索的是世界政治的秩序，还是社群的现代形态，或者爱情与亲密关系，都是在面对这样一个核心问题：**如何在一个越来越被工具理性主导宰制的现代世界中恢复或者重建人与世界、人与人之间的本真关系**，或者说“非取用的”关系维度。这接近于马克思所说的，“我们现在假定人就是人，而人同世界的关系是一种人的关系，那么你就只能用爱来交换爱，只能用信任来交换信任，等等”。当然，在现代社会我们免不了需要有利益权衡与博弈，制度性的工具理性安排，也无法恢复传统社会那种等级化与人身依附的社群形态，因此以复古的方式返回古典道德、伦理和美德的生活，可能是既不可欲也不可行的。**但现代人不能为了富足和繁荣而完全被工具理性的庞大机器所掌控，完全牺牲和淹没我们作为人的特有的精神和价值，人文主义需要在现代性条件下重建。**这是我所有的研究、写作和公共活动的核心议题。在这个意义上，《瓦尔登湖》蕴含着我们失落的而且需要寻回的一种意境。

严飞：我购买了英文好几种版本的《瓦尔登湖》，有插画版的，有烫金版的，还有木刻版的。后来还专门跑去康科德小镇上一家叫作The Barrow Bookstore的书店，收了梭罗的其他两本书。这家书店专门售卖稀见的旧书，有很多梭罗、爱默生，还有《小妇人》的作者路易莎·奥尔科特的早期作品，可谓是一个宝藏书店。

梭罗不仅写了《瓦尔登湖》，还撰写了许多关于自然主义的作品。那段时间里，我还在看一本梳理英美自然文学源流的小书——《宁静无价》。自然与心灵真是永恒的主题啊。这些对我最大的启示就是不断去发现和面对真实的自我，追求和热爱真实的自我。**如果用一句话总结我自己的学术关怀，就是不断推动社会学研究，去看到每一个具体的人，记录他们在巨变的大时代下丰沛而驳杂的生命，那些个体有意义的生活瞬间和人们彼此相连的共通情感，回归生命的底色。**

刘擎：而不是把他们看成统计数字当中的一员。

严飞：或者是一个工具化的标签。在很多研究中，我们常常将"人"工具化、标签化，使他们变成没有名字的符号。这种做法使我们听不到他们真实的故事，无法看到他们在人生每一个关键节点上做出选择的原因，更无法了解这些选择背后的隐忍、伤痛，以及他们的牺牲。

刘擎：我觉得社会科学在研究社会运行方面有一套科学的方法，这是非常重要的，而且对社会学的发展起到非常强大的推动作用。但同时严飞老师刚才说的很重要，就是恢复我们研究人、研究社会的根本关切中人的维度，严飞老师确实能够把生活当中的每一个场景都变成一个田野工作，这是一种工作，但同时也是一种关切，用心去关切一个个活生生的、具体的人。

严飞：对，这也是我一直喜欢社会学的原因所在。

刘擎：回到《瓦尔登湖》，我们谈到梭罗当时从那个喧嚣的、机械的工业文明世界出走，好像返回了原始的自然，虽然他不是一个避世主义者，但是暂时的隐居让他抵达了一种抽离的状态，恢复了一种朴素而真切的感知，重新沉思一些根本性问题：自然是什么？对人类的意义是什么？我们应该怎么生活？抵达这样一种心境是需要契机的。我觉得我们到哈佛十个月的进修访学的经历，有很多具体的知识收获，但更重要的是，让我们得以摆脱日常工作中许多琐碎细致的具体事务，让自己的心境得到澄明，恢复我们的视野，看见那些因为淹没在细节中而可能淡忘了的根本目标，确信学术与思想的最终使命。在这个意义上，这次到哈佛的访学之旅，也是"我们的瓦尔登湖"之旅。

当然，我们是要回去的，正如梭罗在两年两个月之后还是回到了康科德小镇。但是这次经历让我们有了一种自觉意识，就是在忙忙碌碌的时光中不要迷失自己，不要忘却最初启程走向学术之路的心愿，以及最终想要抵达的理想目标。虽然实现这个理想还非常遥远，**但我们在日常微小的努力中可以常常眺望那个理想的远景，从而微小的日常也被赋予了意义。**期望更多的同伴和同道都能在日常的劳作中眺望自己的远景。

严飞：刘老师说得很好，我们需要通过点点滴滴的行动投身于日常世界的建设，最终会促成**一个团结型的社会**。

刘擎：最后，让文明的新旧成果能够相得益彰，让东西方不同的文化资源得以汇聚，为一个更好的明天做好准备。于是，我们微小的努力就能和一个远大的目标相连，让精神家园得以安顿。

我们这个系列对话是严飞老师发起的。其实我们平时有更频繁、议题也更丰富的讨论交谈，在这里只是选择其中的一部分和大家分享。作为这十个月的学术同伴，我们的交往不仅有学术知识方面的交流和收获，而且也一起聚会和游玩，建立了难忘的友谊。

严飞：我觉得不是普通的友情，是激情四射的友情。我们常常在一起，海阔天空地聊天，在哲学和社会学之间不断地对话和切换。我们真正记录下来的，只是我们那么多次畅聊中的一部分。

刘擎：是彼此受益的。

严飞：刘老师是我的前辈，尽管我们求学的时代不同，但我们都会遭遇类似的困境，无论是智识上的，还是生活上的。我就会从跟刘老师的交流中看到思维的火花，从一个崭新的视角重新审视自我，受到很大启发。

刘擎：而我从年轻人那里受到很强的生命力气息的感染，让我忘掉自己的实际年龄，有时造成了一种错觉，觉得自己好像也是一个"80后"。

严飞：其实我们都是在跟更加年轻的学子们的交流中，感受着他们的活力，看到一个明日的世界。

刘擎："明日的世界"是我们为这本书初步构想的书名。我们在这些对话当中畅想，今天的世界有很多困境和困惑，我们怎么样从对昨日世界的回顾、思考和经验教训当中，来探索一个可能的明天的世界。

严飞：**明日世界的风景，都在今日世界的我们的手里。**

刘擎：感谢大家陪伴我们走过这十个月。

严飞：传奇乐团Bee Gees在1967年创作的经典名曲《马萨诸塞州》（*Massachusetts*）里唱到，"Talk about the life in Massachusetts, Speak about the people I have seen ... I will remember Massachusetts, I will remember

Massachusetts”（诉说着在马萨诸塞州的生活点滴，谈论着那些我见过的人们……我会一直记得马萨诸塞州，我会一直记得马萨诸塞州）。一切都太美了。

期待与大家在生活中相遇。

1908年的瓦尔登湖

图片来源：美国国会图书馆

梭罗在瓦尔登湖畔的小木屋

图片来源：Matthews, Brander. *An Introduction to the Study of American Literature*. New York: American Book Company, 1896.

梭罗瓦尔登小木屋中的布置

图片来源：The Miriam and Ira D. Wallach Division of Art, Prints and Photographs: Photography Collection, The New York Public Library. (1860–1920)

WALDEN;

OR,

LIFE IN THE WOODS.

BY HENRY D. THOREAU,

AUTHOR OF "A WEEK ON THE CONCORD AND MERRIMACK RIVERS."

I do not propose to write an ode to dejection, but to brag as lustily as chanticleer in the morning, standing on his roost, if only to wake my neighbors up. — Page 92.

BOSTON:

TICKNOR AND FIELDS.

M DCCC LIV.

1854年，《瓦尔登湖》的初版封面

哈佛大学拉德克利夫学院（严飞 摄）

拉德克利夫学院内（严飞 摄）

1940年代拉德克利夫学院Fay House明信片（严飞 藏）

In an early 19th c. Chinese journal, the scholar 毛庆臻 attacked the novel <u>A Dream in the Red Chamber</u> as hidden pornography, praised a Mr. Pan among others for contributing money to buy it up and burn it, & petitioning to have it banned permanently. Later it was banned for quite some time, ineffectively. "But how can we stop the circulation?" he asked. "The best thing to do is to collect this pornography & send it abroad, as an answer to the opium trade that spreads poison among us." You would notice that it's assumed that all you have to do is ship the book overseas & it'll do its damage. There seems to be no conception of translation. China had been isolated for so long. The Manchu emperors played down their foreign origins & did become assimilated. Some official documents were in both Manchu & Chinese, by then just a matter of form. The Buddhist translations from Sanskrit, the only significant body of Chinese translation, was over a thousand years ago & fully absorbed.

After the Opium War in mid-19th c., under the mounting pressure of foreign aggression & exploitation, there was desperate need for reforms, at first only in armament, what was termed "the firm ship, the sharp cannon," but even that was impossible with a corrupt monarchy. The reformers came to demand constitutional monarchy, then downright revolution. Early this century Yen Fu translated Adam Smith, John Stuart Mill, Herbert Spencer & Thomas Huxley, all in elegant classical Chinese & widely read. Darwin's theory of Natural Selection became: Creatures compete, heaven chooses. Sounds rather like Confucius. A frequent phrase in the writings of the time goes, "Western sages have a saying." The quotation was probably more reliable than the American "Confucius say".

A Chinese critic complained at about the end of the 1st World War,

张爱玲讲稿

1969年4月1日，张爱玲在拉德克利夫学院做了一场英文讲座，名为“中国翻译作为文化影响的桥梁”

图片来源：Ailing Zhang (Eileen Chang) Papers, 1919–1994, USC Digital Library.

哈佛大学桑德斯剧场内景，也是一年级本科新生的食堂（严飞 摄）

哈佛大学欧洲研究中心的小庭院（殷莹 摄）

“鲍勃和简”在剑桥社区（严飞 摄）

纽约的地铁（严飞 摄）

哈佛燕京学社（严飞 摄）

哈佛燕京学社（严飞 摄）

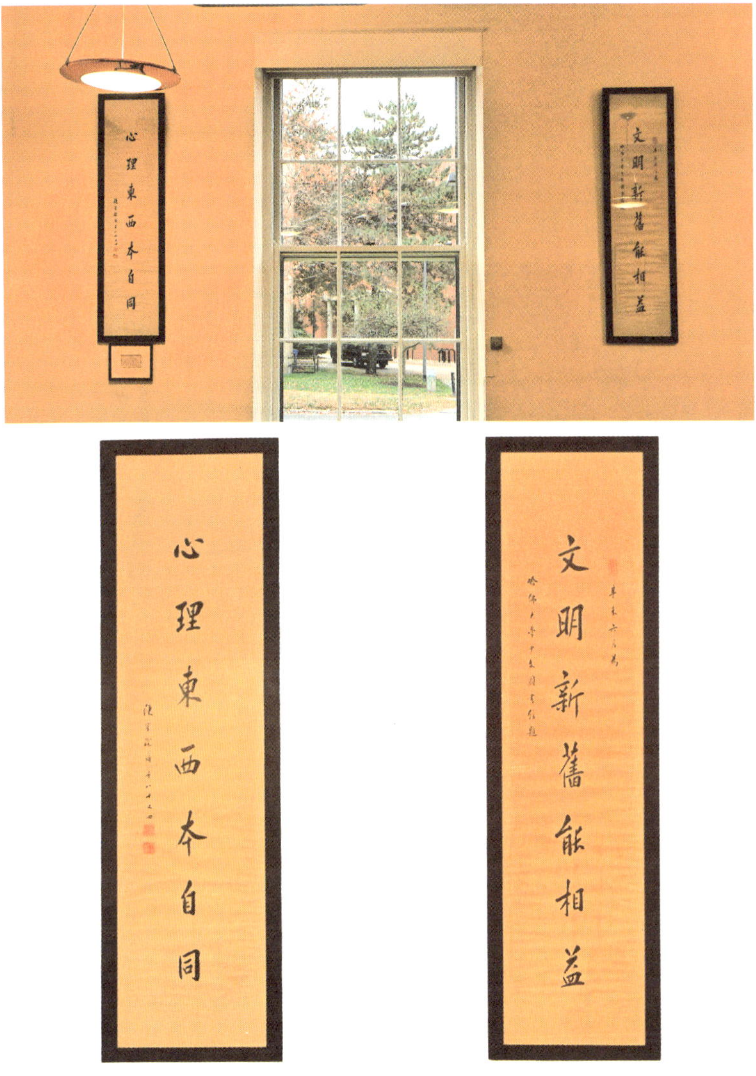

“文明新旧能相益，心理东西本自同”（李若虹 摄）

陈宝琛（1848—1935）书，哈佛燕京学社

康科德小镇上的The Barrow Bookstore书店（严飞 摄）

文
景

Horizon

社科新知　文艺新潮

世界作为参考答案
刘擎　严飞　著

出 品 人：姚映然
责任编辑：周灵逸
营销编辑：胡珍珍
装帧设计：一千遍

出　　品：北京世纪文景文化传播有限责任公司
（北京朝阳区东土城路8号林达大厦A座4A　100013）
出版发行：上海人民出版社
印　　刷：山东临沂新华印刷物流集团有限责任公司
制　　版：南京展望文化发展有限公司

开 本：820mm × 1280mm　1/32
印 张：8.5　　字 数：188,000
2025年1月第1版　　2025年10月第4次印刷
定 价：68.00元
ISBN：978-7-208-19228-7 / I · 2184

图书在版编目（CIP）数据
世界作为参考答案 / 刘擎，严飞著. -- 上海：上海人民出版社，2024. -- ISBN 978-7-208-19228-7
I. B821-49
中国国家版本馆CIP数据核字第2024TZ7228号

本书如有印装错误，请致电本社更换　010-52187586

社科新知 文艺新潮 | 与文景相遇

微信公众号　　微 博　　豆 瓣

bilibili　　抖 音　　小红书